土木工程基础实验指导

主　编　李　铭　王亚楠
副主编　杨　帆　张少卫　乔艳妮

北京理工大学出版社
BEIJING INSTITUTE OF TECHNOLOGY PRESS

内 容 简 介

本书针对土木工程基础实验的特点和要求，系统论述了所涉及的常规实验项目。编写过程中，力求内容翔实、深入浅出、通俗易懂，使学生能够掌握鉴定材料技术性能的实验原理、步骤和常用实验仪器设备、仪表的操作方法，培养学生查阅文献、综合训练、分析和解决问题的能力。

本书共 12 章，包括：材料的基本性质实验、石料实验、集料实验、水泥实验、普通混凝土实验、砂浆实验、沥青实验、沥青混合料实验、钢筋实验、墙体保温材料实验、土工实验、综合设计性实验。

本书可作为高等院校土木工程、地下空间工程、工程造价等专业的本科生实验教材，也可供相关技术人员参考使用。

图书在版编目（CIP）数据

土木工程基础实验指导 / 李铭，王亚楠主编. --北京：北京理工大学出版社，2022.12

ISBN 978-7-5763-1956-9

Ⅰ. ①土… Ⅱ. ①李… ②王… Ⅲ. ①土木工程-实验 Ⅳ. ①TU-33

中国版本图书馆 CIP 数据核字（2022）第 253179 号

出版发行 / 北京理工大学出版社有限责任公司

社　　址 / 北京市海淀区中关村南大街 5 号

邮　　编 / 100081

电　　话 / （010）68914775（总编室）

　　　　　（010）82562903（教材售后服务热线）

　　　　　（010）68944723（其他图书服务热线）

网　　址 / http：//www.bitpress.com.cn

经　　销 / 全国各地新华书店

印　　刷 / 唐山富达印务有限公司

开　　本 / 787 毫米×1092 毫米　1/16

印　　张 / 8　　　　　　　　　　　　　　　　　　责任编辑 / 江　立

字　　数 / 185 千字　　　　　　　　　　　　　　　文案编辑 / 李　硕

版　　次 / 2022 年 12 月第 1 版　2022 年 12 月第 1 次印刷　　责任校对 / 刘亚男

定　　价 / 56.00 元　　　　　　　　　　　　　　　责任印制 / 李志强

前　言

　　土木工程基础实验是土木工程专业教学的一个重要组成部分，其教学任务不仅是使学生巩固所学的理论知识和丰富学习内容，更重要的是让学生熟悉实验设备、操作技术及有关的国家标准和技术规范，并获得对主要土木工程基础实验和设计方法的技术技能训练。本书在编写过程中，针对土木工程基础实验的特点和要求，力求内容翔实、深入浅出、通俗易懂，使学生学完本课程后能够对土木工程基础实验的标准实验方法有所了解，并掌握鉴定材料技术性能的实验原理、步骤和常用实验仪器设备、仪表的操作方法，了解实验结果的精度要求和数据处理的基本方法，认真做好实验，如实观测记录，独立作出实验报告，培养学生查阅文献、综合训练、分析和解决问题的能力。同时实施"四培养"，即培养学生独立进行材料质量检验的能力；培养学生严谨认真的科学态度；培养学生善于思考、勇于探索、独立分析问题和解决问题的能力，培养学生分工明确、互相协作的精神。

　　本书共分12章，内容包括：材料的基本性质实验；石料实验；集料实验；水泥实验；普通混凝土实验；砂浆实验；沥青实验；沥青混合料实验；钢筋实验；墙体保温材料实验；土工实验；综合设计性实验。

　　本书由西安工业大学李铭讲师和王亚楠副教授主编，其中第1章由王亚楠副教授编写；第2章、第5章、第10章、第11章、第12章由李铭讲师编写；第4章、第6章、第8章，由杨帆副教授编写；第9章由乔艳妮讲师编写；第3章和第7章由张少卫工程师编写；由李铭讲师负责全书的统稿工作。本书成稿后，西安工业大学杨正华教授级高工仔细阅读了全文，并提出了宝贵意见，使本书质量得到了显著提高，在此表示衷心的感谢。

　　本书可作为土木工程、地下空间工程、工程造价等专业的本科生教材，也可作为从事土木工程相关技术人员和科研人员的参考用书。

　　由于本书涉及面较广，内容较多，加之作者水平有限，难免有错漏之处，敬请各位读者批评指正。

目 录

第 1 章

材料的基本性质实验

1.1 密度实验

1.1.1 实验目的与适用范围

材料的密度是指材料在绝对密实状态下单位体积的质量。本实验旨在测量材料的密度。

1.1.2 主要仪器设备或材料

李氏瓶(见图 1-1)、筛子(孔径 0.2 mm)、量筒、烘箱、干燥器、天平(称量 500 g，感量 0.01 g)、温度计、漏斗、小勺等。

1.1.3 实验步骤

(1)将试样破碎研磨并全部通过 0.2 mm 孔筛，再放入 105~110 ℃的烘箱中烘至恒重，然后在干燥器内冷却至室温。

(2)在李氏瓶中注入与试样不起反应的液体至突颈下部 0~1 mL 刻度线范围内，记下刻度数，将李氏瓶放在盛水的容器中，在实验过程中保持水温为(20±0.5) ℃。

(3)用天平称取试样 60~90 g，用小勺和漏斗小心地将试样徐徐送入李氏瓶中，要防止在李氏瓶喉部发生堵塞，直到液面上升至 20 mL 为止，再称剩下的试样，计算出装入瓶中试样的质量 $m(g)$。轻轻摇动李氏瓶使液体中的气泡排出，记下液面刻度。根据前后两次液面读数，计算出液面上升的体积，即为装入瓶中试样的体积 $V(cm^3)$。

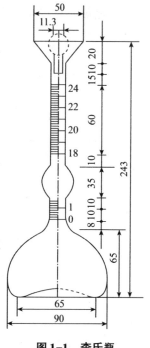

图 1-1　李氏瓶

1.1.4　实验结果与评定

按式(1-1)计算出密度ρ(精确至0.01 g/cm^3)，即

$$\rho = m/V \tag{1-1}$$

式中：m——装入瓶中试样的质量，g；

　　　V——装入瓶中试样的体积，cm^3。

密度实验用两个试样平行进行，以其结果的算术平均值作为最后结果，但两个结果之差不应超过0.02 g/cm^3，否则重做。按表1-1记录实验结果。

表1-1　实验结果记录表

试样号	m/g	V/cm^3	$\rho/(g \cdot cm^{-3})$	$\rho_{均}/(g \cdot cm^{-3})$
1				
2				

1.1.5　注意事项与难点分析

本实验较为简单，注意事项与难点分析暂无，学生可自行总结。

1.2　表观密度实验

1.2.1　实验目的与适用范围

表观密度是材料在自然状态下单位体积的质量。本实验旨在测量材料的表观密度。

1.2.2　主要仪器设备或材料

游标卡尺(精度0.1 mm)、天平(感量0.1 g)、烘箱、干燥器、漏斗、直尺、搪瓷盘等。

1.2.3　实验步骤

(1)对几何形状规则的材料试件，将其放入105～110 ℃烘箱中烘至恒重，取出置入干燥器中冷却至室温。并用天平称量出试件的质量m(g)。

(2)用游标卡尺量出试件的尺寸(每边测量上、中、下3次，取平均值)，并计算出体积V_0(cm^3)。

1.2.4　实验结果与评定

按式(1-2)计算出表观密度ρ_0，即

$$\rho_0 = 1000m/V_0 \tag{1-2}$$

式中：m——试件的质量，g；

　　　V_0——试件的体积，cm^3。

以5次实验结果的算术平均值作为最后测定结果，计算精确至 $10\ \mathrm{kg/m^3}$。按表1-2记录实验结果。

表1-2 实验结果记录表

试件号	m/g	$V_0/\mathrm{cm^3}$	$\rho_0/(\mathrm{kg \cdot m^{-3}})$	$\rho_{0均}/(\mathrm{kg \cdot m^{-3}})$
1				
2				
3				
4				
5				

1.2.5 注意事项与难点分析

本实验较为简单，注意事项与难点分析暂无，学生可自行总结。

1.3 吸水率实验

1.3.1 实验目的与适用范围

材料的吸水率是指材料吸水饱和时的吸水量与干燥材料的质量或体积之比（以加气混凝土为试件）。本实验旨在测量材料的吸水率。

1.3.2 主要仪器设备或材料

天平（称量 $1\ 000\ \mathrm{g}$，感量 $0.1\ \mathrm{g}$）、水槽、烘箱、干燥器、游标卡尺等。

1.3.3 实验步骤

（1）将3个尺寸为 $100\ \mathrm{mm} \times 100\ \mathrm{mm} \times 100\ \mathrm{mm}$ 的立方体试件放入烘箱内，在 $(60 \pm 5)\ ℃$ 温度下保温 $24\ \mathrm{h}$，然后在 $(80 \pm 5)\ ℃$ 温度下保温 $24\ \mathrm{h}$，再在 $(105 \pm 5)\ ℃$ 温度下烘干至恒重，取出放到干燥器中冷却至室温，称其质量 $m_\mathrm{g}(\mathrm{g})$。

（2）首先将试件放入水温为 $(20 \pm 5)\ ℃$ 的恒温水槽中，然后加水至试件高度的 $1/3$ 处，过 $24\ \mathrm{h}$ 后加水至试件高度的 $2/3$ 处，再过 $24\ \mathrm{h}$ 后加水高出试件 $30\ \mathrm{mm}$ 以上，最后保持 $24\ \mathrm{h}$。这样逐次加水的目的是使试件孔隙中的空气逐渐逸出。

（3）从水中取出试件，用湿布抹去表面水分，立即称取每块试件的质量 $m_\mathrm{b}(\mathrm{g})$。

1.3.4 实验结果与评定

（1）按式（1-3）和式（1-4）计算吸水率。

质量吸水率为

$$W_m = \frac{m_\mathrm{b} - m_\mathrm{g}}{m_\mathrm{g}} \times 100\% \tag{1-3}$$

体积吸水率为

$$W_V = \frac{m_b - m_g}{V_0} \times 100\% \tag{1-4}$$

式中：m_g——试件干燥质量，g；

m_b——试件吸水饱和质量，g；

V_0——干燥材料在自然状态下的体积，cm^3。

（2）以 3 次实验结果的算术平均值为测定结果，精确至 0.1%。按表 1-3 记录实验结果。

表 1-3　实验结果记录表

试件号	干燥质量 m_g/g	吸水饱和 质量 m_b/g	体积 V_0/cm^3	质量吸水率 W_m/%	质量吸水率 平均值 $W_{m均}$/%	体积吸水率 W_V/%	体积吸水率 平均值 $W_{V均}$/%
1							
2							
3							

1.3.5　注意事项与难点分析

本实验较为简单，注意事项与难点分析暂无，学生可自行总结。

第2章

石料实验

2.1 石料真实密度实验(李氏瓶法)

2.1.1 实验目的与适用范围

石料真实密度(颗粒密度)是选择建筑材料、研究岩石风化、评价地基基础工程岩体稳定性及确定围岩力学性能等必需的计算指标。

本法用蒸馏水做实验时,适用于不含水溶性矿物成分的岩石密度测定。对含有水溶性矿物成分的岩石,应使用中性液体(如煤油)做实验。

2.1.2 主要仪器设备或材料

(1)李氏瓶:容积 50 mL 或 100 mL 的短颈李氏瓶。

(2)小型轧石机。

(3)球磨机。

(4)恒温水槽:测定密度时,需在相同温度下得到两次读数,因此须备恒温水槽或其他保持恒温的盛水玻璃容器,恒温容器温度应能保持±1 ℃的温差。

(5)砂浴(真空抽气设备)。

(6)干燥器:内装氧化钨或硅胶等干燥剂,防止试样吸收空气中水分。

(7)研钵:供进一步研磨石粉用。

(8)天平:感量 0.001 g,供称量实验材料用。

(9)其他仪器设备:筛子(孔径为 0.315 mm)、量筒、锥形玻璃漏斗、温度计、滴管、牛骨匙等。

2.1.3 实验步骤

(1)试样初碎:取代表性石料在小型轧石机上初碎(或手工用钢槌初碎)。

（2）初轧碎石磨成石粉：将初轧碎石再置于球磨机中进一步磨碎成石粉。

（3）研钵研细，石粉过筛：用研钵将石粉研细，使之全部粉碎成能通过 0.315 mm 筛孔的石粉。

（4）取石粉于烘箱烘干：将制备好的石粉放在瓷皿中，置于（105±5）℃的烘箱中烘干至恒重。烘干时间一般为 6 ~ 12 h。

（5）将石粉冷却至室温：将石粉置于干燥器中，冷却至室温（20±2）℃备用，这里特别指出：置于干燥器是为防止石粉冷却过程中吸收空气中水分。

（6）称取石粉试样两份：取两份石粉，每份试样从中称取 15 g（用 100 mL 李氏瓶）或 10 g（用 50 mL 李氏瓶）石粉（m_1，精确至 0.001 g，本实验称量精度皆同）。

（7）试样装入李氏瓶：用漏斗将试样灌入洗净烘干（事先将李氏瓶洗净并烘干）的李氏瓶中。

（8）试液注入李氏瓶：注入蒸馏水至瓶的一半处，此举是为防止当加热排气时使水和石粉水溢出。

（9）摇动瓶使石粉分散：轻摇李氏瓶使石粉逐渐分散。

（10）砂浴沸煮排除气体：将李氏瓶放在砂浴上沸煮，沸煮时间自悬液沸腾时算起，不得少于 1 h，使空气逸出，当使用蒸馏水做实验时，可采用沸煮法或抽气法排除气体。而当使用煤油作试液时，应当用真空抽气法排除气体，真空抽气时真空压力表读数为 100 kPa，抽气时间维持 1 ~ 2 h，直至无气泡逸出为止。

（11）擦干瓶外再冷却：将经过排除气体的李氏瓶取出擦干，冷却至实验的标准温度 15 ~ 30 ℃间并记录，此时温度一般为 20 ℃。

（12）再次向瓶中注试液：向瓶中再注入排除了气体并与试样同温度的试液，使接近满瓶蒸馏水，当快满时改用滴管缓缓加水，并封置使石粉沉淀。

（13）置于恒温水槽保温：置于温度为 t［一般为（20±2）℃，下同］的恒温水槽内，保温的目的是使实验过程中温度保持一致。

（14）悬液澄清塞好瓶塞：等瓶内温度稳定，上部悬液澄清后，塞好瓶塞，使多余试液溢出（因李氏瓶体积是从瓶塞底面与瓶内壁围成的体积，所以要盖上瓶塞使多余试液溢出）。

（15）取出试瓶擦干外壁：从恒温水槽内取出李氏瓶，擦干瓶外壁水分。

（16）称取试样与瓶水质量：立即称瓶+水+石粉的质量（m_3）。

（17）徐徐倒出悬液：倾出悬液后，洗净李氏瓶。

（18）试液灌满试瓶：向瓶中再注入经排除了气体并与试样同温度的试液，使接近满瓶蒸馏水。

（19）试瓶置于恒温槽：试瓶置于恒温水槽内，水温必须与上述水槽温度相同。

（20）温度稳定后塞好瓶塞：待瓶内温度稳定，上浮悬液澄清后，塞好瓶塞，使多余水分溢出。

（21）擦干瓶外水分：从恒温水槽内取出李氏瓶并用纱布擦干瓶外水分。

（22）称量瓶+水的质量：再立即称瓶+水的质量（m_2）。

2.1.4　实验结果与评定

按式（2-1）计算石料真实密度（精确至 0.01 g/cm³），即

$$\rho_s = \frac{m_1}{m_1 + m_2 - m_3} \times \rho_{wt} \tag{2-1}$$

式中：m_1——烘干试样（石粉）的质量，g；

　　　m_2——瓶+水的质量，g；

　　　m_3——瓶+水+试样的质量，g；

　　　ρ_s——石料真实密度（颗粒密度），g/cm³；

　　　ρ_{wt}——与实验同温度实验液体的密度，如用蒸馏水做实验时，可查相应蒸馏水密度表；如用煤油做实验时，按式（2-2）计算，即

$$\rho_{wt} = \frac{m_5 - m_4}{m_6 - m_4} \times \rho_w \tag{2-2}$$

式中：m_4——李氏瓶的质量，g；

　　　m_5——瓶+煤油的质量，g；

　　　m_6——李氏瓶+排除了气体的蒸馏水的质量，g；

　　　ρ_w——排除了气体的蒸馏水的密度，g/cm³。

以两次实验结果的算术平均值作为测定结果，如两次实验结果之差大于 0.02 g/cm³ 时，应重新取样进行实验。

按表 2-1 记录实验结果。

表 2-1　实验结果记录表

实验次数	李氏瓶号	温度 $t/℃$	t 时水的密度 $\rho_{wt}/(g \cdot cm^{-3})$	烘干试样的质量 m_1/g	瓶+水的质量 m_2/g	瓶+水+试样的质量 m_3/g	密度 $\rho_s/(g \cdot cm^{-3})$	平均密度 $\rho_{均}/(g \cdot cm^{-3})$
1								
2								

2.1.5　注意事项与难点分析

1. 去除铁粉

石料真实密度实验要将石料磨成石粉，石粉中的铁屑在烘干前必须用磁铁吸干净，但沥青混合料用矿粉则不必。

2. 注意排气

（1）短颈瓶实验用沸煮法排气。短颈李氏瓶就是密度实验专用的瓶子。该实验的关键技术是排气，采用沸煮法一定要保证规范规定的最短时间，并且从悬液沸腾后算起；采用真空法一定要达到规定的真空度，并保持规定的时间，并从达到要求的真空度后算起。

（2）如果采用煤油做实验，宜用真空法排气。实验中如出现石粉黏附在李氏瓶内壁上的情况，说明石粉未烘干，或煤油中含有水分，或李氏瓶不干燥，应找出原因重做实验。

（3）控制温度。温度是该实验的又一关键技术点，实验时应将试液置于另一带塞的瓶中，并使其在恒温水槽中达到规定的温度（进行排气处理），需要时直接加入。

2.2 石料颗粒密度实验(李氏瓶法)

2.2.1 实验目的与适用范围

石料密度,是指在(105±5)℃下烘至恒重时石料矿质单位体积(不包括开口与闭口孔隙体积)的质量。它是石料真实密度实验的另一种方法。

对含有水溶性矿物成分的石料宜选用本法测定密度。

2.2.2 主要仪器设备或材料

(1)李氏瓶:容积为 220~250 mL,带有长约 18~20 cm、直径约 1 cm 的细颈,细颈上有刻度,精确至 0.1 mL。

(2)煤油:无水,使用前需过滤掉煤油中的空气。

(3)恒温水槽:测定密度时,需在相同温度下得到两次读数,因此需备恒温水槽或其他保持恒温的盛水玻璃容器,恒温容器温度应能保持在(t±1)℃。

(4)小型轧石机。

(5)球磨机。

(6)研钵:供进一步研磨石粉用。

(7)干燥器:干燥器内装氯化钙或硅胶等干燥剂,防止试样吸收空气中的水分。

(8)其他仪器设备:筛子(孔径为 0.25 mm)、长颈漏斗、牛骨匙、滴管等。

2.2.3 实验步骤

(1)试样初碎:取代表性石料在小型轧石机上初碎(或手工用钢槌初碎)。

(2)初轧碎石磨成石粉:将初轧碎石再置于球磨机中进一步磨碎成石粉。

(3)研钵研细,石粉过筛:用研钵研细石粉,使之全部粉碎成能通过 0.25 mm 筛孔的石粉。

(4)石粉取样天平称量:用瓷皿称取石粉约 100 g,取样方法同前。

(5)烘箱烘干试样:将试样置于温度(105±5)℃的烘箱中烘至恒重,烘干时间一般为 6~12 h。

(6)干燥器冷却试样:为防止试样吸收空气中的水分,将其置于干燥器中冷却至室温。

(7)煤油灌入李氏瓶:将抽去空气的煤油灌入李氏瓶中至零点刻度线以上,并读取起始读数(以弯液面的下部为准)。

(8)恒定温度读取读数:将李氏瓶置于 1~34 ℃恒温水槽内,使刻度部分浸入水中(水温必须控制在李氏瓶标示刻度时的温度),恒温 0.5 h,记下第一次读数 V_1,准确到 0.05 mL。

(9)取出李氏瓶并擦净:从恒温水槽中取出李氏瓶,用滤纸将李氏瓶内零点起始读数以上没有煤油的部分仔细擦净。

(10)称量实验前石粉+瓷皿的质量:准确称出实验前石粉+瓷皿的质量 m_1(精确至 0.001 g,以下同此)。

（11）将石粉装入李氏瓶：用牛骨匙小心地将石粉通过漏斗装入李氏瓶中，使液面上升至 20 mL 刻度处（或略高于 20 mL 刻度处），在装石粉时注意勿使石粉黏附于液面以上的瓶颈内壁上。

（12）排除李氏瓶中空气：摇动李氏瓶，排去其中的空气，或用抽气机抽气，至液体不再产生气泡时为止。再放入恒温水槽，在相同温度下（与第一次读数时的温度相同）恒温 0.5 h，记下第二次读数 V_2。

（13）称量实验后剩余石粉+瓷皿的质量：准确称出实验后剩余石粉+瓷皿的质量 m_2。

2.2.4　实验结果与评定

用式（2-3）和式（2-4）计算石料密度（精确至 0.001 g/cm³），即

$$\rho_s = \frac{m_1 - m_2}{V} \tag{2-3}$$

$$V = V_2 - V_1 \tag{2-4}$$

式中：ρ_s——石料的颗粒密度，g/cm³；

$\quad\quad m_1$——实验前石粉+瓷皿的质量，g；

$\quad\quad m_2$——实验后剩余石粉+瓷皿的质量，g；

$\quad\quad V$——被石粉所排开的液体体积，即第二次读数（V_2）减去第一次读数（V_1），cm³。

以两次实验结果的算术平均值作为测定结果，如两次实验结果之差大于 0.02 g/cm³ 时，应重新取样进行实验。按表 2-2 记录实验结果。

表 2-2　实验结果记录表

实验次数	实验前石粉+瓷皿的质量 m_1/g	实验后剩余石粉+瓷皿的质量 m_2/g	装入李氏瓶的石粉质量 m_1-m_2/g	李氏瓶液面读数		石粉体积 V/cm³	密度 ρ_s/(g·cm⁻³)	平均密度 $\rho_{均}$/(g·cm⁻³)
				装入石粉前 V_1/cm³	装入石粉后 V_2/cm³			
1								
2								

2.2.5　注意事项与难点分析

本实验较为简单，注意事项与难点分析暂无，学生可自行总结。

2.3　石料毛体积密度实验

2.3.1　实验目的与适用范围

石料毛体积密度（块体密度）是一个间接反映岩石致密程度和空隙发育程度的参数，也是评价工程岩体稳定性范围、岩石压力等必需的计算参数。根据含水状态，石料毛体积密度可分为干密度、饱和密度和天然密度。

石料毛体积密度实验可分为量积法、水中称量法和蜡封法。量积法适用于能制备成规则试件的各类岩石；水中称量法适用于除温水崩解、溶解和干缩湿胀外的其他各类岩石；蜡封

法适用于不能用量积法或水中称量法进行实验的岩石。

本节采用的方法为量积法，量积法的基本原理是把岩石加工成形状规则（圆柱体、方柱体或立方体）的试件，用卡尺测量试件的尺寸，求出体积，并用天平称取试件的质量，最后根据公式计算岩石的块体密度。

2.3.2　主要仪器设备或材料

（1）钻石机。

（2）锯石机。

（3）磨石机。

（4）工业天平：称量 500 g，感量 0.01 g。

（5）烘箱：能使温度控制在（105±5）℃的范围内。

（6）静水力学天平：包括平衡盘、吊钩、吊篮、盛水容器等。

（7）游标卡尺。

2.3.3　实验步骤

1. 量积法测定毛体积密度

（1）试件要求。

①建筑用的石料实验，采用圆柱体作为标准试件，直径为（50±2）mm，高径比为 2∶1，每组试件共 6 个；

②桥梁工程用的石料实验，采用立方体试件，边长为（70±2）mm，每组试件共 6 个；

③路面工程用的石料实验，采用圆柱体或立方体试件，其直径或边长均为（50±2）mm。每组试件共 6 个。

（2）制作要求：有显著层理的岩石，分别沿平行和垂直层理方向各取试件 6 个，试件上、下端面应平行和磨平，试件端面的平面度公差应小于 0.05 mm，端面对于试件轴线垂直度偏差不应超过 0.25°。对于非标准圆柱体试件，实验后柱抗压强度值按公式进行换算。

（3）钻石机钻取岩石初样。

①根据制作要求，用石钳和大锤将预制件原岩粗制成具有两个大致平行面的石块供钻石机钻样；

②将石块放于钻石机钻杆下的夹具上夹紧；

③打开水阀使钻头部位供水；

④启动电源，开启钻头开关，根据岩石软硬程度调整转速；

⑤调好转速后实施钻进，并钻取试件初样。

（4）圆柱试件两端锯平。

①用锯石机夹具夹紧试件：将圆柱体试件放于锯石机夹头台上，用扳手拧紧螺杆将试件夹紧；

②用锯石机锯平试件端面：打开水源使锯片处供水，随后启动电源，打开开关，根据经验用手轮调节锯片速度使之适应制作要求，初锯时试件尺寸稍大于成型后尺寸并留有供磨石机磨平的余地。

（5）圆柱初样两端磨平：将经钻、锯的圆柱体试件初样放于磨石机夹具台上夹紧。

（6）磨石机磨平初样两端。

①打开水龙头，向磨石机磨头部位供水；

②打开电源调整磨头向距，使磨头接近试件表面；

③启动开关，使磨头工作，自动或手动均可，随时观察和检验试件，切勿过磨。

（7）测量尺寸。

①测量试件直径：用游标卡尺测量试件两端和中间 3 个断面上互相垂直的两个方向的直径或边长，按面稳法计算平均值；

②测量试件高度：用游标卡尺测量试件断角固边对称的 4 个点和中心点的 5 个高度，取平均值；

③计算试件体积 V（根据测量得到的几何尺寸计算）。

（8）烘干试件：将试件放入温度为（105±5）℃的烘箱内烘至恒重。烘干时间一般为 12 ~ 24 h。

（9）冷却试件：取烘干试件，置于干燥器内冷却至室温。

（10）称量试件：称干试件质量，精确至 0.01 g。

（11）试件饱水：将称量后的试件置于盛水容器内，先注水至试件高度的 1/4 处，以后每隔 2 h 分别注水至试件高度的 1/2 和 3/4 处，6 h 后将水加至高出试件顶面 20 mm 以上，以利试件内空气逸出。待试件全部被水淹没后再自由吸水 48 h。

（12）取出试件擦净：取出试件，用温纱布擦去试件表面的水。

（13）称量质量：立即称其质量，精确至 0.01 g。

（14）浸水称量：再称吸水饱和后试件在水中的质量。

2. 水中称量法测定毛体积密度

（1）试件制作：可不用切、磨、钻工艺直接取不规则岩石试样做 3 组实验。

（2）实验步骤：同上述量积法中第（8）~（14）步，在此不再赘述。

2.3.4 实验结果与评定

石料毛体积密度按式（2-5）~ 式（2-7）计算，精确至 0.01 g/cm³。

（1）量积法。量积法中石料毛体积密度按下列公式计算，即

$$\rho_0 = \frac{m_0}{V} \tag{2-5}$$

$$\rho_b = \frac{m_b}{V} \tag{2-6}$$

$$\rho_d = \frac{m_d}{V} \tag{2-7}$$

式中：ρ_0——天然密度，g/cm³；

ρ_b——饱和密度，g/cm³；

ρ_d——干密度，g/cm³；

m_0——试件烘干前的质量，g；

m_b——吸水饱和试件的质量，g；

m_d——干燥试件的质量，g；

V ——石料体积，cm^3。

（2）水中称量法。水中称量法中石料毛体积密度按式（2-8）~式（2-10）计算，即

$$\rho_0 = \frac{m_0}{m_b - m_w} \times \rho_w \qquad (2-8)$$

$$\rho_b = \frac{m_b}{m_b - m_w} \times \rho_w \qquad (2-9)$$

$$\rho_d = \frac{m_d}{m_b - m_w} \times \rho_w \qquad (2-10)$$

式中：m_w ——吸水饱和试件在水中的质量，g；

ρ_w ——纯净水的密度，g/cm^3。

按表 2-3 记录实验结果。

表 2-3　实验结果记录表

试件编号	干燥试件的质量 m_d/g	吸水饱和试件的质量 m_b/g	吸水饱和试件在水中的质量 m_w/g	石料体积 V/cm^3	毛体积密度/(g·cm^{-3})	
					个别值	平均值
1						
2						

2.3.5　注意事项与难点分析

1. 试件形状

（1）量积法试件形状：量积法必须采用规则试件，而且具有足够的加工精密，精度要求应与立方体抗压强度试件一致。尽管如此，该方法应视为没办法的办法，只有在不能采用水中称量法或蜡封法时采用。

（2）水中称量法试件形状：可以采用规则试件，也可以采用不规则试件。但比较实验结果，规则试件密度略大于不规则试件，所以虽规定可以采用不规则试件，但倾向于采用规则试件。当采用规则试件有困难时可采用不规则试件，且采用体积不小于 $100\ cm^3$ 的近似立方体。水中称量法除受岩石类别影响外，也受环境（温度和湿度）变化的影响。

2. 试件饱水

毛体积密度测定，试件饱和是关键技术点，应严格按 1.3 节中"吸水率实验"的方法进行。

2.4　石料饱水抗压强度实验

2.4.1　实验目的与适用范围

测定规则形状（圆柱或立方体）岩石试件在饱水状态下的单轴抗压强度，主要用于岩石的强度分级和岩性描述。在某些情况下，试件的含水状态还可根据需要选择烘干状态或冻融循环状态。试件的含水状态要在实验报告中注明。

2.4.2　主要仪器设备或材料

（1）压力机：检验合格且能很好地按所要求的速率加载 300～2 000 kN 的压力实验机。试件两端的承压板为洛氏硬度不低于 58 HRC 的圆盘钢板，压板直径应大于试件直径（D+2）mm 或试件承压面对角线，压板厚度至少为 15 mm，圆盘表面应磨光，其平面度公差应小于 0.005 mm；两压板之一应是球面座。球面座应放在试件的上端面，并用矿物油稍加润滑，以使在滑块自重作用下仍能闭锁。试件、压板和球面座要精确地彼此对中，并与加载机器设备对中，球面座的曲率中心应与试件端面的中心相重合。

（2）游标卡尺（精度为 0.1 mm）、角尺及水池等。

（3）切石机，磨石机。

2.4.3　实验步骤

（1）试件要求。

①建筑用的石料实验，采用圆柱体作为标准试件，直径为（50±2）mm，高径比为 2∶1，每组试件共 6 个；

②桥梁工程用的石料实验，采用立方体试件，边长为（70±2）mm，每组试件共 6 个；

③路面工程用的石料实验，采取圆柱体或立方体试件，其直径或边长和高均为（50±2）mm，每组试件共 6 个。

（2）制作要求：

有显著层理的岩石，分别沿平行和垂直层理方向各取试件 6 个。试件上、下端面应平行和磨平，试件端面的平面度公差应小于 0.05 mm，端面对于试件轴线垂直度偏差不应超过 0.25°。对于非标准圆柱体试件，实验后抗压强度实验值按相关公式进行换算。

（3）用锯石机锯取初样。

①用锯石机夹具夹紧初始形态的岩石试样；

②打开水龙头给锯片部位供水；

③启动电源，打开开关，同时用手轮调节转速；

④依不同面来回翻转，钻成立方体试件初样。

（4）用磨石机磨平初样。

①将试件用磨石机磨头处的夹具夹紧，调好试件位置；

②打开水龙头给磨头供水；

③启动电源，打开开关，手动或电动调整磨头间距，使之接近试件；

④接近平整时暂时停止打磨，随时检查尺寸和偏差后，再继续磨平操作。

（5）测量试件尺寸：用卡尺量取试件尺寸（精确至 0.1mm），对立方体试件在顶面和底面上各量取其边长，以各个面上相互平行的两个边长的算术平均值计算其承压面积；对于圆柱体试件，在顶面和底面分别测量两个相互正交的直径，并以其各自的算术平均值分别计算底面和顶面的面积，取其顶面和底面面积的算术平均值作为计算抗压强度所用的截面积。

（6）试件饱水处理：按 1.3 节中"吸水率实验"的方法对试件进行饱水处理，最后一次加水深度应使水面高出试件顶面至少 20 mm。试件浸水 24 h。

（7）擦干试件表面水分：试件自由浸水 48 h 后取出，用湿布擦干表面。

(8)进行抗压强度实验：将试件放在压力机上进行抗压强度实验。施加在试件上的荷载要始终保持一定的应力增长速率，即施加应力的速率在 0.5 ~ 1.0 MPa/s 的限度内。抗压强度实验的最大荷载以 N 为单位，精度 1%。

2.4.4　实验结果与评定

抗压强度 R 按式(2-11)计算(精确至 1 MPa)，即

$$R = \frac{P}{A} \tag{2-11}$$

式中：R——抗压强度，MPa；

　　　P——极限破坏时的荷载，N；

　　　A——试件的截面积，mm^2。

取 6 个试件实验结果的算术平均值作为测定结果，如 6 个试件中的 2 个与其他 4 个试件抗压强度的算术平均值相差 3 倍以上时，则取实验结果相接近的 4 个试件的算术平均值作为测定结果。

有显著层理的岩石，取垂直与平行层理方向的试件强度的平均值作为实验结果。如因设备条件限制达不到精度要求时应在实验报告中注明。

按表 2-4 记录实验结果。

表 2-4　实验结果记录表

试件编号	试件处理情况	试件尺寸/mm				试件截面积 A/mm^2	极限荷载 P/N	抗压强度 R/MPa	平均抗压强度/MPa
		长	宽	直径	高				
1									
2									
3									
4									
5									
6									

2.4.5　注意事项与难点分析

(1)试件尺寸。

①规程规定试件可采用圆柱体或立方体，对同一岩石，圆柱体试件的强度大于棱柱体，原因是棱柱体棱角部分应力较为集中。故试件尺寸应符合加工精度要求，尤其是端面(即上下受压面)的平整度必须满足误差要求。端面弧度(鼓肚)对实验结果影响较大，凡鼓肚试件不得用于实验。

②对非标准圆柱体试件，实验强度值应换算成 2：1 的标准抗压强度，这应是对建筑用的石料实验而言，因其标准试件高径比为 2：1。

(2)试件饱水。抗压强度包括烘干、天然、饱和和冻融循环后等状态的强度，在选择工程用原材料时，均为饱水状态强度，应按 1.3 节中"吸水率实验"的方法对试件进行饱水处理，以试件全部被水淹没后再自由浸水 48 h 作为吸水稳定标准。

（3）加放钢板。由于试件尺寸比较小，而压力机上下压板的板面面积比较大，对实验结果有影响，所以实验时在试件上下端面应分别加放钢板。钢板的直径（或边长）应不小于试件直径（或边长），也不应大于试件直径的两倍，且硬度应满足规范要求。

2.5　石料吸水性实验

2.5.1　实验目的与适用范围

（1）石料吸水性用吸水率和饱和吸水率（简称饱水率）表示。石料吸水率用自由吸水法测定；石料饱水率用煮沸法或真空抽气法测定。

（2）石料饱水率是指石料在常温（20±2）℃和真空（真空度为 20 mmHg）条件下的最大吸水质量占烘干石料试件质量的百分率。

（3）石料吸水率和饱水率能有效地反映岩石微裂隙的发育程度，可用来判断岩石的抗冻和抗风化等性能。

（4）本法适用于遇水不崩解、不溶解或不干缩湿胀的岩石。

2.5.2　主要仪器设备或材料

（1）石料加工设备：钻石机、切石机、磨石机。

（2）天平：感量 0.01 g。

（3）烘箱：能使温度控制在（105±5）℃范围内。

（4）抽气设备：包括抽气机、水银压力计、真空干燥器和净气瓶。

2.5.3　实验步骤

（1）试件制备：将石料制成直径和高均为 50 mm 的圆柱体或边长为 50 mm 的正方体试件；如采用不规则试件，其边长不得小于 40 mm，每组试件至少 3 个，石质组织不均匀者，每组试件不少于 5 个。用毛刷将试件洗涤干净，并用不易被水浸褪掉的颜料编号；对有裂纹的试件应弃之不用。

（2）将试件放入盛水容器中，试件全部浸水后自由吸水 48 h，用毛巾轻轻擦拭试件表面水后立即称量，得吸水至恒重时的质量 m_1。

（3）烘干试件：将试件放入温度为（105±5）℃的烘箱内烘至恒重，烘干时间一般为 12～24 h。

（4）冷却试件：取出试件，置于干燥器内冷却至室温。

（5）称量质量：用精密天平称试件质量 m，精确至 0.01 g。

（6）真空抽气：将称量后的试件置于真空干燥器中，注入清水，水面高出试件顶面 20 mm 以上，开动抽气机，使产生 20 mmHg 的真空，保持此真空状态直至无气泡发生时为止（不少于 4 h）。关上抽气机，试件在水中保持 2 h。

（7）取出试件并擦干表面水分：拧开真空干燥器的开关，取出试件，用湿纱布擦去表面水分，打开抽气阀。

（8）第 2 次称量试件质量：立即第 2 次称量其质量 m_2，精确至 0.01 g。

2.5.4 实验结果与评定

用式(2-12)和式(2-13)计算石料吸水率及饱水率(精确至0.01%),即

$$w_a = \frac{m_1 - m}{m} \times 100\% \qquad (2-12)$$

式中:w_a——石料吸水率,%;

m——烘至恒重时的试件质量,g,烘干方法要求同前;

m_1——吸水至恒重时的试件质量,g。

$$w_p = \frac{m_2 - m}{m} \times 100\% \qquad (2-13)$$

式中:w_p——石料饱水率,%;

m_2——试件经强制(在高压15 MPa或真空条件下)吸水饱和后的质量,g。

组织均匀的试件,取3个试件实验结果的平均值作为测定结果;组织不均匀的,则取5个试件实验结果的平均值作为测定结果。

按表2-5记录实验结果。

表2-5 实验结果记录表

试件编号	烘至恒重时的试件质量 m/g	吸水至恒重时的试件质量 m_1/g			吸水率 w_a/%	平均值/%
		(1)	(2)	(3)		
1						
2						
3						

2.5.5 注意事项与难点分析

(1)试件形状。试件形状可以采用规则的,也可采用不规则的,不规则试件应近似立方体。

(2)吸水时间。吸水时间是本实验的关键。实验证明,浸水12 h,一般吸水率可达到绝对吸水率的85%,浸水48 h可达94%,浸水48 h后再浸水吸水量增加很小,所以浸水48 h就能完全反映石料在大气压力下的吸水特性。

(3)分段加水。试件浸水必须按规定分段加水,主要是让试件内的空气充分逸出,切记不能一次将水加到要求的液面。

(4)岩性评点。吸水率小于0.5%、饱水率小于0.8%的岩石具有良好的工程性能。

2.6 石料磨耗率实验(洛杉矶法)

2.6.1 实验目的与适用范围

测定标准条件下石料抵抗摩擦、撞击的能力,以磨耗损失(%)表示。本方法适用于各

种等级规格石料的磨耗率实验。

2.6.2 主要仪器设备或材料

(1)洛杉矶实验磨耗机:圆筒内径(710±5) mm,内侧长(510±5) mm,两端封闭,投料口的钢盖通过紧固螺栓和橡胶垫与钢筒紧闭密封。钢筒的回转速率为30~33 r/min。

(2)钢球、套筛及台秤。

①钢球:直径约4.68 mm,质量为390~445 g,大小稍有不同,以便按要求组合成符合要求的总质量;

②套筛:符合要求的标准筛系列,以及筛孔为1.7 mm的方孔筛或筛孔为2 mm的圆孔筛1个;

③台秤:感量5 g。

(3)烘箱:能使温度控制在(105±5) ℃范围内。

(4)容器:搪瓷盘等。

2.6.3 实验步骤

(1)冲洗石料:将不同规则的石料用水冲洗干净。

(2)烘干试样:将冲洗后的试样置烘箱中烘干至恒重。

(3)取样放于浅盘中。

(4)分级称量石料质量:分级称量(精确至5 g),称取实验前试样质量 m_1。

(5)根据要求选择钢球。

(6)将石料装入磨耗机:将钢球加入钢筒中,盖好筒盖,紧固密封。

(7)开启磨耗机研磨石料:将计数器调整到零位,设定要求的回转次数,对水泥混凝土集料,回转次数为500转,对沥青混凝土集料,回转次数应符合相关要求。开动磨耗机,以30~33 r/min的转速转动至要求的回转次数为止。

(8)取出钢球倒出试样:取出钢球,将经过磨耗后的试样从投料口倒入接收容器中。

(9)将经磨耗试样过筛:将试样过筛,对沥青混凝土集料应选用1.7 mm的方孔筛过筛,对水泥混凝土集料应选用2 mm的圆孔筛过筛,筛去试样中被撞击磨碎的细屑。

(10)用水冲净留筛余料:用水冲干净留在筛上的碎石,置于(105±5) ℃烘箱中烘干至恒重(通常不少于4 h),准确称量洗净烘干的试件 m_2。

2.6.4 实验结果与评定

按式(2-14)计算石料洛杉矶磨耗损失(精确至0.1%),即

$$Q = \frac{m_1 - m_2}{m_1} \times 100\% \tag{2-14}$$

式中:Q——洛杉矶磨耗损失,%;

m_1——装入圆筒中的试样质量,g;

m_2——洗净烘干的试样质量,g。

实验报告应记录所使用的粒级类别和实验条件。

粗集料的磨耗损失取两次平行实验结果的算术平均值为测定结果，两次实验的差值应不大于2%，否则须重做实验。

按表2-6记录实验结果。

表2-6　实验结果记录表

实验次数	装入圆筒中的试样 质量 m_1/g	洗净烘干的试样 质量 m_2/g	磨耗损失 Q/%	平均值/%
1				
2				

2.6.5　注意事项与难点分析

（1）石粉收集：做磨耗率实验时除将磨耗石料过筛外，特别注意黏在石料上的石粉需用水冲洗干净，再烘干。

（2）掌握时间，磨耗率实验时间掌握应适当，防止过长或过短。

第 3 章

集料实验

3.1 细集料筛分析实验

3.1.1 实验目的与适用范围

测定细集料(天然砂、人工砂、石屑)的颗粒级配及粗细程度,用于混合料级配计算和材料选取。

3.1.2 主要仪器设备或材料

(1)实验筛:孔径为 9.5 mm、4.75 mm、2.36 mm、1.18 mm、0.6 mm、0.3 mm、0.15 mm、0.075 mm 的方孔筛,以及筛的底盘和盖各一个。

(2)天平:称盘 1 000 g,感量 1 g。

(3)振筛机。

(4)烘箱:能使温度控制在(105±5) ℃。

(5)浅盘和硬、软毛刷等。

3.1.3 实验步骤

用于筛分析的试样应先筛除直径大于 9.5 mm 的颗粒,并记录其筛余百分率,然后用四分法缩分至每份不少于 550 g 的试样两份,在(105±5) ℃ 下烘干至恒重,冷却至室温备用。

(1)准确称取烘干试样 500 g,置于按筛孔大小顺序排列的套筛上。将套筛装入摇筛机内固定好,摇筛 10 min 左右,取下套筛,按筛孔大小顺序,在清洁的浅盘上逐个进行手筛,直到每分钟的筛出量不超过试样总量的 0.1% 时为止,通过的颗粒并入下一个筛中,按此顺序进行,直到每个筛全部筛完为止。如无摇筛机,也可用手筛。如试样为特细砂,在筛分时增加 0.075 mm 的方孔筛一只。

（2）称量各号筛筛余试样（精确至 1 g），试样在各号筛上的筛余量不得超过 200 g，超过时应将该筛余试样分成两份，再进行筛分，并以两次筛余量之和作为该号筛的筛余量。所有各筛的分计筛余量和底盘中剩余量的总和与筛分前的试样总量相比，其差值不得超过试样总量的 1%，否则重做实验。

3.1.4　实验结果与评定

（1）分计筛余百分率：各号筛的筛余量除以试样总量的百分率，精确至 0.1%。

（2）累计筛余百分率：各号筛的分计筛余百分率加上该号筛以上各分计筛余百分率之和（精确至 0.1%）。

（3）根据各号筛的累计筛余百分率评定该试样的颗粒级配分布情况。

（4）砂的细度模数 M_x 按式（3-1）计算（精确至 0.1），即

$$M_x = \frac{(A_2 + A_3 + A_4 + A_5 + A_6) - 5A_1}{100 - A_1} \tag{3-1}$$

式中：A_1、A_2、A_3、A_4、A_5、A_6——4.75 mm、2.36 mm、1.18 mm、0.6 mm、0.3 mm、0.15 mm 筛上的累计筛余百分率。

累计筛余百分率取两次实验结果的算术平均值（精确至 1%）。细度模数取两次实验结果的算术平均值（精确至 0.1），两次所得的细度模数之差大于 0.2 时，应重新开始实验。

按表 3-1 记录实验结果。

表 3-1　细度模数实验结果记录表

筛孔尺寸/mm	分计筛余量/g		分计筛余百分率 a_i/%			累计筛余百分率 A_i/%		
	第 1 次	第 2 次	i	第 1 次	第 2 次	i	第 1 次	第 2 次
4.75			1			1		
2.36			2			2		
1.18			3			3		
0.6			4			4		
0.3			5			5		
0.15			6			6		
底盘			——			$M_{x1}=$		$M_{x2}=$
累计质量 Σ/g						$M_x=$		

注：$M_x = W_m = \dfrac{m_b - m_g}{m_g} \times 100\%$，单次精确至 0.01，平均精确至 0.1。

绘制细集料级配曲线图（见图 3-1）。

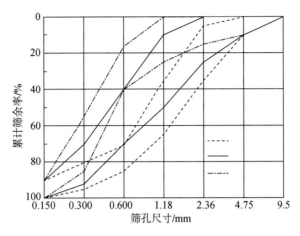

图 3-1 砂实验级配曲线图

结论及分析讨论：判定砂粗细程度和级配情况，实验影响因素等。

3.1.5 注意事项与难点分析

本实验的注意事项与难点分析暂无，学生可自行总结。

3.2 细集料堆积密度实验

3.2.1 实验目的与适用范围

通过本实验可测定砂在自然状态下的堆积密度、在紧密装填状态下的紧装密度、计算孔隙率。

3.2.2 主要仪器设备或材料

(1)台秤：称量 10 kg，感量 1 g。

(2)容量筒：圆柱形金属筒，容积 0.99 L，内径 108 mm，净高 109 mm，壁厚 2 mm。

(3)烘箱、漏斗、料勺、直尺、浅盘等。

3.2.3 实验步骤

取缩分试样约 3 kg，在 (105±5) ℃的烘箱中烘干至恒重，取出冷却至室温，用 5 mm 孔径的筛子过筛，分成大致相等的两份备用。

(1)称容量筒的质量 m_1(kg)。

(2)用料勺或漏斗将试样徐徐装入容量筒中心上方漏斗，出料口距容量筒口不应超过 5 cm，直到试样装满超出筒口成锥形为止。

(3)用直尺将多余的试样沿筒口中心线向两个相反方向刮平，称容量筒和砂的总质量 m_2(kg)。

3.2.4 实验结果与评定

(1)砂的堆积密度 ρ_0' 按式(3-2)计算(精确至 10 kg/m³), 即

$$\rho_0' = \frac{m_2 - m_1}{V} \times 1\,000 \tag{3-2}$$

式中: m_1——容量筒的质量, kg;

$\quad\ m_2$——容量筒和砂的总质量, kg;

$\quad\ V$——容量筒的容积, L。

以两次实验结果的算术平均值作为测定结果。

(2)砂的孔隙率 P_0' 按式(3-3)计算(精确至 1%), 即

$$P_0' = \left(1 - \frac{\rho_0'}{\rho_0}\right) \times 100\% \tag{3-3}$$

式中: ρ_0'——砂的堆积密度, kg/m³;

$\quad\ \rho_0$——砂的表观密度, kg/m³。

按表 3-2 记录实验结果。

表 3-2 实验结果记录表

实验次数	容量筒的容积 V/L	容量筒的质量 m_1/kg	容量筒和砂的总质量 m_2/kg	砂的质量/kg	堆积密度/ (kg·m⁻³)	堆积密度平均值/(kg·m⁻³)
1						
2						

3.2.5 注意事项与难点分析

本实验的注意事项与难点分析暂无, 学生可自行总结。

3.3 细集料表观密度实验

3.3.1 实验目的与适用范围

细集料表观密度实验的原理类似于采用排水法测不规则物体体积的原理。用容量瓶法测定细集料(天然砂、石屑、机制砂)在 23 ℃时相对水的表观相对密度和表观密度, 本方法适用于含有少量大于 2.36 mm 部分细集料。本实验依据的规程为 JTG E42—2005 和 T0328—2005。

3.3.2 主要仪器设备或材料

(1)天平: 称量 1 kg, 感量 1 g。

(2)容量瓶: 500 mL。

(3)烘箱: 能使温度控制在(105±5) ℃。

(4)烧杯: 500 mL。

(5)干燥器、浅盘、铝制料勺、温度计等。

3.3.3　实验步骤

将缩分至约 650 g 的试样在 (105±5) ℃ 烘箱中烘干至恒重，并在干燥器内冷却至室温备用。实验室温度应为 20 ~ 25 ℃。

(1)称取烘干试样 300 g(干砂质量 m_0)，装入盛有半瓶冷开水的容量瓶中，摇转容量瓶使试样在水中充分搅动以排除气泡，塞紧瓶塞。

(2)静置 24 h 后打开瓶塞，用滴管加水使水面与瓶颈刻度线平齐，塞紧瓶塞，擦干瓶外水分，称其质量 m_1(g)。

(3)倒出瓶中的水和试样，洗净瓶内外，再向瓶内注水(与试样装入容量瓶中的水温相差不超过 2 ℃)至瓶颈刻度线，塞紧瓶塞，擦干瓶外水分，称其质量 m_2(g)。

3.3.4　实验结果与评定

按式(3-4)计算砂的表观密度 ρ_0(精确至 0.01 g/cm³)，即

$$\rho_0 = \frac{m_0}{m_0 + m_2 - m_1} \times \rho_{水} \tag{3-4}$$

砂的表观密度取两次实验结果的算术平均值作为测定结果，如两次测定结果之差大于 0.02 g/cm³，应重新取样进行实验。按表 3-3 记录实验结果。

表 3-3　实验结果记录表

实验次数	干砂质量 m_0/g	瓶+砂+水的质量 m_1/g	瓶+水的质量 m_2/g	砂的表观密度/ (g·cm⁻³)	砂的表观密度平均值/(g·cm⁻³)
1					
2					

3.3.5　注意事项与难点分析

本实验的注意事项与难点分析暂无，学生可自行总结。

3.4　粗集料筛分析实验

3.4.1　实验目的与适用范围

测定粗集料(碎石、砾石、矿渣等)的颗粒级配。

3.4.2　主要仪器设备或材料

(1)方孔筛：孔径为 90 mm、75.0 mm、63.0 mm、53.0 mm、37.5 mm、31.5 mm、26.5 mm、19.0 mm、16.0 mm、9.50 mm、4.75 mm、2.36 mm 的筛各一只，以及筛底和筛盖各一个。

(2)台秤：称量 10 kg，感量 1 g。

(3)振筛机。

（4）鼓风烘箱：能使温度控制在（105±5）℃。

（5）浅盘和硬、软毛刷等。

3.4.3 实验步骤

（1）按规定方法取样，用四分法缩分至略大于表3-4规定的数量，烘干并冷却至室温。套筛按孔径从大到小顺序组合，附着筛底，将试样倒入筛中。

表3-4 筛分析所需试样的最小量

石子最大粒径/mm	9.5	16.0	19.0	26.5	31.5	37.5	63.0	75.0
最少试样量/kg	1.9	3.2	3.8	5.0	6.3	7.5	12.6	16.0

（2）将套筛置于摇筛机上，摇10 min，取下套筛，按筛孔大小顺序逐个手筛，筛到每分钟通过量小于试样总量的0.1%为止。通过的颗粒并入下一号筛中，并和下一号筛中的试样一起过筛。按此顺序进行，直到各号筛全部筛完为止（当筛余颗粒的粒径大于19.0 mm时，在筛分过程中，允许用手指拨动颗粒）。

（3）称量各号筛的分计筛余量（精确至1 g）。

3.4.4 实验结果与评定

分计筛余百分率：各号筛的筛余量除以试样总量的百分率（精确至0.1%）。

累计筛余百分率：各号筛的分计筛余百分率加上该号筛以上各分计筛余百分率之和（精确至1%）。

根据各筛的累计筛余百分率，评定该试样的颗粒级配。筛分后每号筛上的筛余量和筛底剩余物的总和与原试样相差超过1%时，则需重新取样实验。按表3-5记录实验结果。

表3-5 实验结果记录表

筛孔编号	筛孔尺寸/mm	分计筛余量/g			分计筛余百分率/%	累计筛余百分率/%	通过量/%
		第1次	第2次	平均			
1	90.00						
2	75.00						
3	63.00						
4	53.00						
5	37.50						
6	31.50						
7	26.50						
8	19.00						
9	16.00						
10	9.50						
11	4.75						
12	2.36						

3.4.5　注意事项与难点分析

本实验的注意事项与难点分析暂无，学生可自行总结。

3.5　粗集料表观密度实验(广口瓶法)

3.5.1　实验目的与适用范围

粗集料表观密度实验的原理类似于采用排水法测不规则物体体积的原理。

3.5.2　主要仪器设备或材料

(1)天平：称量 5 kg，感量 1 g。

(2)广口瓶：1 000 mL，磨口并带玻璃片。

(3)烘箱：可使温度控制在(105±5) ℃。

(4)方孔筛：孔径为 4.75 mm。

(5)干燥器、浅盘、毛巾和刷子等。

3.5.3　实验步骤

(1)按规定方法取样，将样品筛去直径在 4.75 mm 以下的颗粒，用四分法缩分至约 3 kg，分成两份备用。实验室温度应在 20 ~ 25 ℃。

(2)将试样浸水饱和，然后装入广口瓶中，装试样时，广口瓶应倾斜放置，注入饮用水，用玻璃片覆盖瓶口，以上下左右摇晃的方法排除气泡。

(3)气泡排尽后，向瓶中添加水直至水面凸出瓶口边缘。然后用玻璃片沿瓶口迅速滑行，使其紧贴瓶口水面。擦干瓶外水分后，称取其质量 m_1(g)。

(4)将瓶中试样倒入浅盘中，放在(105±5) ℃烘箱中烘干至恒重。取出试样，放在干燥器内冷却至室温后称取其质量 m_0(g)。

(5)将瓶洗净，重新注入饮用水，用玻璃片紧贴瓶口水面，擦干瓶外水分后称取其质量 m_2(g)。

3.5.4　实验结果与评定

按式(3-5)计算石子的表观密度 ρ_0(精确至 10 kg/m³)，即

$$\rho_0 = \frac{m_0}{m_0 + m_2 - m_1} \times \rho_{水} \tag{3-5}$$

以两次实验结果的算术平均值作为测定结果，如两次测定结果之差大于 20 kg/m³，应重新取样进行实验。按表 3-6 记录实验结果。

表 3-6　实验结果记录表

实验次数	试样质量 m_0/kg	瓶+玻璃+试样质量 m_1/kg	瓶+水质量 m_2/kg	石子的表观密度/ $(\text{kg} \cdot \text{m}^{-3})$	石子的表观密度平均值/ $(\text{kg} \cdot \text{m}^{-3})$
1					
2					

3.5.5　注意事项与难点分析

本实验的注意事项与难点分析暂无，学生可自行总结。

3.6　粗集料堆积密度实验

3.6.1　实验目的与适用范围

通过本实验可测定石子等粗集料在自然状态下的堆积密度、计算孔隙率。

3.6.2　主要仪器设备或材料

(1)台秤：称量 10 kg，感量 1 g。

(2)容量筒：规格尺寸如表 3-7 所示。

表 3-7　容量筒规格尺寸

石子最大粒径/mm	容量筒容积/L	容量筒内径/mm	容量筒净高/mm
9.5、16.0、19.0、26.5	10	208	294
31.5、37.5	20	294	294
53.0、63.0、75.0	30	360	294

3.6.3　实验步骤

(1)按规定取样，烘干或风干后，拌匀分成两份备用。

(2)先称取容量筒的质量 m_1(kg)。从容量筒上方 50 mm 处，用取样铲将试样以均匀、自由落体状态装入容量筒，使其呈锥体状，除去凸出筒口表面的颗粒，以合适的颗粒填入凹陷部分，使表面稍凸起部分和凹陷部分的体积大致相等，称取石子+容量筒的质量 m_2(kg)。

3.6.4　实验结果与评定

(1)石子的堆积密度 ρ_0' 按式(3-6)计算(精确至 10 kg/m³)，即

$$\rho_0' = \frac{m_2 - m_1}{V} \times 1\,000 \qquad (3-6)$$

式中：m_1——容量筒的质量，kg；

$\quad\quad m_2$——石子+容量筒的质量，kg；

V——容量筒的容积，L。

以两次实验结果的算术平均值作为测定结果。

(2)石子的孔隙率 P_0' 按式(3-7)计算(精确至1%)，即

$$P_0' = (1 - \frac{\rho_0'}{\rho_0}) \times 100\%$$ (3-7)

式中：ρ_0'——石子的堆积密度，kg/m^3；

ρ_0——石子的表观密度，kg/m^3。

按表3-8记录实验结果。

表3-8 实验结果记录表

实验次数	容量筒的容积 V/L	容量筒的质量 m_1/kg	石子+容量筒的质量 m_2/kg	石子的质量/kg	石子的堆积密度/ $(kg \cdot m^{-3})$	石子的堆积密度平均值/ $(kg \cdot m^{-3})$	石子的表观密度/ $(kg \cdot m^{-3})$	石子的孔隙率
1								
2								

3.6.5 注意事项与难点分析

本实验的注意事项与难点分析暂无，学生可自行总结。

3.7 粗集料压碎值实验

3.7.1 实验目的与适用范围

粗集料压碎值用于衡量石料(碎石或砾石)在逐渐增力荷载下抵抗压碎的能力，是衡量石料力学性质的指标，以评价其在土木工程中的适用性。例如，间接地推测其强度，以鉴定水泥混凝土粗集料品质。

实验依据的规程为JTG E42—2005和T0316—2005。

3.7.2 实验主要仪器设备或材料

(1)压力实验机：荷载500 kN以上，应能在10 min内达到400 kN。

(2)压碎指标值测定仪：压碎指标值测定仪由内径150 mm，两端开口的钢制圆形试筒、压柱和底盘组成。其形状和尺寸应符合JTG E42—2005和T0316—2005的要求。试筒内壁、压柱、底面及底盘的上表面等与石料接触的表面都应进行热处理，使表面硬化达到65 HV并保持光滑状态。

(3)天平或台秤：称量范围为2~3 kg，感量不大于1 g。

(4)圆孔筛：孔径分别为13.2 mm、9.5 mm、2.36 mm。

(5)备用烘箱：实验用烘箱温度为(105±5) ℃。

3.7.3　实验步骤

（1）取样过筛并风干试样：将试样筛去 9.5 mm 以下及 13.2 mm 以上的颗粒，采用 9.5 ~ 13.2 mm 的颗粒作为标准试样，并在风干状态下进行实验。对由多种岩石组成的砾石，如其粒径大于 13.2mm 颗粒的岩石矿物成分与 9.5 ~ 13.2 mm 颗粒有显著差异时，对粒径大于 13.2 mm 的颗粒应经人工破碎后筛取 9.5 ~ 13.2 mm 标准粒级另外进行压碎指标值实验。

（2）将试样置于烘箱内烘干：如过于潮湿需加热烘干时，烘箱温度不超过 105 ℃，烘干时间不超过 4 h，并在实验前冷却至室温。

（3）往试筒内装入一半试样：取试样 1 份，分两次装入筒内，第一次装入试样一半。

（4）底盘垫放圆钢筋：钢筋颠击装入试样一半后，用一直径为 10 mm 的圆钢筋垫于底盘上，按住试筒并左右交替颠击底面各 25 次。

（5）规准仪剔除试样颗粒：用针状和片状规准仪剔除试样中的针状和片状颗粒，然后称取每份约 3 kg 的试样 3 份备用。

（6）将试筒安放于底盘：将压碎指标值测定仪的试筒放于其底盘上。

（7）再次装入另一半试样：再次装入另一半试样并颠实，试样表面距底盘的高度能放入压头。

（8）装好加压块：第二次装入试样颠实后，整平筒内试样表面，把加压块装好，注意应使加压块保持平整。

（9）放压碎指标值测定仪于压力实验机上：加压放到压碎指标值测定仪上，在 3 ~ 5 min 内均匀地加荷到 200 kN，稳定 5 s，然后卸荷。

（10）取出试筒并倒出试样：取出试筒，倒出筒中试样并称其质量 m_0。

（11）过筛筛除细粒并称量：用孔径为 2.5 mm 的筛筛除被压碎的细粒，称量筛余试样质量 m_1。

3.7.4　实验结果与评定

碎石或砾石的压碎值 Q 按式（3-8）计算（精确至 0.1%），即

$$Q = \frac{m_0 - m_1}{m_0} \times 100\% \qquad (3-8)$$

式中：Q——压碎值，%；

m_0——试样质量，g；

m_1——筛余试样质量，g。

对由多种岩石组成的砾石，如对 20 mm 以下和 20 mm 以上的标准粒级（10 ~ 20 mm）分别进行检验，则其压碎值 Q_a 按式（3-9）计算。

$$Q_a = \frac{\alpha_1 Q_{a1} + \alpha_2 Q_{a2}}{\alpha_1 + \alpha_2} \times 100\% \qquad (3-9)$$

式中：Q_a——由多种岩石组成的砾石的压碎值，%；

α_1、α_2——试样中 20 mm 以下和 20 mm 以上两种岩石粒级的颗粒含量百分率，%；

Q_{a1}、Q_{a2}——两种粒级以标准粒级实验的分级压碎值，%。

以 3 次平行实验结果的算术平均值作为压碎值的测定结果。按表 3-9 记录实验结果。

表 3-9　实验结果记录表

实验次数	试样质量 m_0/g	筛余试样质量 m_1/g	压碎值 $Q/\%$	平均压碎值 $Q_均/\%$
1				
2				
3				

3.7.5　注意事项与难点分析

本实验的注意事项与难点分析暂无，学生可自行总结。

3.8　沥青路面用粗集料针、片状颗粒含量实验(游标卡尺法)

3.8.1　实验目的与适用范围

(1)本方法适用于测定除水泥混凝土外的沥青混合料和各种基层、底基层的 4.75 mm 以上的粗集料的针状及片状颗粒含量，以百分率计。

(2)本方法测定的针、片状颗粒，是指用游标卡尺测定的粗集料颗粒的最小厚度(或直径)方向与最大长度(或宽度)方向的尺寸之比小于 1：3 的颗粒。有特殊要求采用其他比例时，应在实验报告中注明。

(3)本方法测定的粗集料中针、片状颗粒的含量，可用于评价集料的形状和抗压碎的能力，以评定其在工程中的适用性。

(4)本实验依据的规程为 JTG E42—2005 和 T0312—2005。

3.8.2　主要仪器设备或材料

(1)游标卡尺：精度为 0.1 mm；
(2)方孔筛：孔径为 4.75 mm；
(3)天平：感量不大于 1 g。

3.8.3　实验步骤

(1)随机取样分别检验：按现行规程中规定的集料随机取样的方法，采集集料试样。可按分样器法或四分法原理取 1 kg 左右的试样。对每一种规格的粗集料，应按照不同的公称粒径分别取样检验。

(2)试样过筛，数量称取：用孔径为 4.75 mm 的方孔筛将试样过筛，取筛上部分试样供实验用，称取集料总质量 m_0。精确至 1 g，试样质量应不少于 800 g，数量并不少于 100 颗。

(3)试样摊于桌上并挑拣：将试样平摊于桌面上，首先用目测挑出接近立方体的不符合要求的颗粒，剩下可能属于针状和片状的颗粒。

(4)用卡尺量测针、片状颗粒：将欲测量的颗粒放在桌面上成一稳定的状态，用卡尺逐

颗测量石料的长度 l、宽度 b 及厚度 t，将 $l/t \geqslant 3$ 的颗粒(即长度方向与厚度方向的尺寸之比大于 3 的颗粒)分别挑出作为针、片状颗粒。

(5)称量针、片状颗粒的质量：称取针、片状颗粒的质量 m_1，精确至 1 g。

3.8.4 实验结果与评定

(1)按式(3-10)计算针、片状颗粒含量，即

$$Q_e = \frac{m_1}{m_0} \times 100\% \qquad (3-10)$$

式中：Q_e——针、片状颗粒含量，%；

m_0——集料总质量，g；

m_1——针、片状颗粒的质量，g。

(2)实验要平行测定两次，如两次结果之差小于平均值的20%，取平均值为实验值；如大于或等于20%，应追加测定一次，取 3 次结果的平均值为测定结果。

(3)实验报告应填写集料的种类、产地、岩石名称、用途。

按表 3-10 记录实验结果。

表 3-10　实验结果记录表

实验次数	集料总质量 m_0/g	针、片状颗粒的质量 m_1/g	针、片状颗粒含量 /%	针、片状颗粒含量 平均值/%
1				
2				
3				

3.8.5 注意事项与难点分析

本实验的注意事项与难点分析暂无，学生可自行总结。

3.9 水泥混凝土用粗集料针、片状颗粒含量实验(规准仪法)

3.9.1 实验目的与适用范围

(1)本方法适用于测定出水泥混凝土使用的 5 mm 以上的粗集料的针、片状颗粒含量，以百分率计。

(2)本方法测定的针、片状颗粒，是指利用专用的规准仪(见图 3-2)测定的粗集料颗粒的最小厚度(或直径)方向与最大长度(或宽度)方向的尺寸之比小于一定比例的颗粒。

(3)本方法测定的粗集料中针、片状颗粒的含量，可用于评价集料的形状和抗压碎的能力，以评定其在工程中的适用性。

(4)本实验依据的规程为 JTG E42—2005 和 T0311—2005。

图 3-2　规准仪

3.9.2　主要仪器设备或材料

（1）针状及片状规准仪；

（2）烘箱：能控温在（105±5）℃；

（3）天平或台秤：感量不大于称量值的 0.1%；

（4）标准筛：孔径分别为 4.75 mm、9.5 mm、16 mm、19 mm、26.5 mm、31.5 mm、37.5 mm 的圆孔筛，根据需要选用。

3.9.3　实验步骤

试样风干称量筛分：将试样在室内风干至表面干燥，并用四分法缩分至满足表 3-4 规定的质量，称量其质量（m_0），然后手筛分成表 3-11 所规定的粒级备用，若试样过湿需烘干。

表 3-11　针、片状颗粒含量实验所需的试样最小质量

公称最大粒径/mm	9.5	16.0	19.0	26.5	31.5	37.5
试样最小质量/kg	0.3	1.0	2.0	5.0	10.0	—

逐粒鉴定针、片状颗粒：目测挑出接近立方体形状的规则颗粒，将目测有可能属于针、片状颗粒用规准仪逐粒对试样进行鉴定，凡颗粒长度大于针状规准仪上相应间距者，为针状颗粒，厚度小于片状规准仪上相应孔宽者，为片状颗粒。

称量针、片状颗粒的质量：称量由各粒级挑出的针、片状颗粒的质量（m_1）。

3.9.4　实验结果与评定

粗集料中针、片状颗粒含量按式（3-11）计算，即

$$Q_a = \frac{m_1}{m_0} \times 100\% \tag{3-11}$$

式中：Q_a——针、片状颗粒含量，%；

　　　m_0——试样总质量，g；

　　　m_1——针、片状颗粒的质量，g。

按表 3-12 记录实验结果。

表 3-12　实验结果记录表

实验次数	试样总质量 m_0/g	针、片状颗粒的质量 m_1/g	针、片状颗粒含量 /%	针、片状颗粒含量 平均值/%
1				
2				
3				

3.9.5　注意事项与难点分析

本实验的注意事项与难点分析暂无，学生可自行总结。

第4章

水泥实验

4.1 水泥细度测定实验

4.1.1 实验目的与适用范围

通过 80 μm 或 45 μm 筛析法测定筛余量，测定水泥细度是否达到标准要求，若不符合标准要求，该水泥视为不合格。细度实验方法有水筛法、负压筛法和干筛法。当 3 种测试结果发生争议时，以负压筛法为准。硅酸盐水泥细度用比表面积表示。水泥比表面积的测定原理是以一定量的空气，透过具有一定孔隙率和一定厚度的压实粉层时所受阻力不同而进行测定的。并采用已知比表面积的标准物料对仪器进行校正。

4.1.2 主要仪器设备或材料

1. 水筛法

（1）水筛及筛座：水筛采用边长为 0.080 mm 的方孔铜丝筛网制成，筛框内径 125 mm，高 80 mm。

（2）喷头：直径 55 mm，面上均匀分布 90 个孔，孔径 0.5～0.7 mm，喷头安装高度离筛网 35～75 mm 为宜。

（3）天平（称量为 100 g，感量为 0.05 g），烘箱等。

2. 负压筛法

（1）负压筛：同样采用边长为 0.080 mm 的方孔铜丝筛网制成，并附有透明的筛盖，筛盖与筛口应有良好的密封性。

（2）负压筛析仪：由筛座、负压源及收尘器组成。

3. 水泥比表面积的测定

电动勃氏透气比表面仪，分析天平（分度值为 1 mg）等。

4.1.3　实验步骤

1. 水筛法

(1)称取已通过 0.9 mm 方孔筛的试样 50 g,倒入水筛内,立即用洁净的自来水冲至大部分细粉通过,再将筛子置于筛座上,用水压 0.03~0.07 MPa 的喷头连续冲洗 3 min。

(2)将筛余物冲到筛的一边,用少量的水将其全部冲移至蒸发皿内,沉淀后将水倒出。

(3)将蒸发皿在烘箱中烘至恒重,称量试样的筛余量,精确至 0.1 g。

(4)将筛余量的质量乘以 2 即得筛余百分率,并以一次实验结果作为测定结果。

2. 负压筛法

(1)检查负压筛析仪,将其调压至 4 000~6 000 Pa。

(2)称取过筛的水泥试样 25 g,置于洁净的负压筛中,盖上筛盖并放在筛座上。

(3)启动并连续筛析 2 min,在此期间如有试样黏附于筛盖,可轻轻敲击使试样落下。

(4)筛毕取下,用天平称量筛余量(g),精确至 0.1 g。

(5)以筛余量的质量乘以 4,即得筛余百分率,并以两次实验结果作为测定结果。

3. 水泥比表面积的测定

(1)首先用已知密度、比表面积等参数的标准粉对仪器进行校正,用水银排代法测粉料层的体积,同时须进行漏气检查。

(2)根据所测试样的密度和试料层体积等计算出试样量,称取烘干备用的水泥试样,制备粉料层。

(3)进行透气实验,开动抽气泵,使电动勃氏透气比表面仪压力计中液面上升到一定高度,关闭旋塞和气泵,记录压力计中液面由指定高度下降至一定距离时的时间,同时记录实验温度。

(4)当实验时温差 ≤3 ℃,且试样与标准粉具有相同的孔隙率时,水泥的比表面积 S 可按式(4-1)计算(精确至 10 cm²/g),即

$$S = \frac{S_s \rho_s \sqrt{T}}{\rho \sqrt{T_s}} \tag{4-1}$$

式中:ρ、ρ_s——分别为水泥与标准粉的密度,g/cm³;

　　　T、T_s——分别为水泥与标准粉在透气实验中测得的时间,s;

　　　S_s——标准粉的比表面积,cm²。

4.1.4　实验结果与评定

水泥的比表面积应由两次实验结果的平均值确定,如两次实验结果相差 2% 以上时,应重新实验,并将测定结果单位换算成 m²/kg。按表 4-1 记录实验结果。

表 4-1　实验结果记录表

试样号	水泥的密度 $\rho/(g \cdot cm^{-3})$	标准粉的密度 $\rho_s/(g \cdot cm^{-3})$	水泥透气实验的测试时间 T/s	标准粉透气实验的测试时间 T_s/s	标准粉的比表面积 S_s/cm^2	标准粉的比表面积平均值 $S_{s均}/cm^2$
1						
2						

4.1.5 注意事项与难点分析

本实验的注意事项与难点分析暂无，学生可自行总结。

4.2 水泥标准稠度用水量测定实验

4.2.1 实验目的与适用范围

水泥实验中对材料的一般要求为：水泥试样应充分拌匀；实验用水必须是洁净的淡水；水泥试样、标准砂、拌和用水等的温度应与实验室温度相同。

1. 实验目的

检验水泥的凝结时间与安定性时，水泥浆的稠度影响实验结果，为便于比较，规定用标准稠度的水泥净浆进行实验。所以，测凝结时间与安定性之前，先要测定水泥标准稠度用水量。

2. 适用范围

本方法规定了水泥标准稠度用水量的测试方法。

本方法适用于硅酸盐水泥、普通硅酸盐水泥、矿渣硅酸盐水泥、粉煤灰硅酸盐水泥、火山灰质硅酸盐水泥、复合硅酸盐水泥、道路硅酸盐水泥及指定采用本方法的其他种类水泥。

3. 引用标准

（1）《水泥净浆标准稠度与凝结时间测定仪》（JC/T 727—2005）；

（2）《水泥净浆搅拌机》（JC/T 729—2005）；

（3）《水泥标准稠度用水量、凝结时间、安定性检验方法》（GB/T 1346—2011）。

4.2.2 主要仪器设备或材料

（1）水泥净浆搅拌机（本实验中以下简称为搅拌机）：由搅拌锅、搅拌叶片、传动机构和控制系统组成，搅拌叶片以双转双速转动。

（2）测定水泥标准稠度与凝结时间的维卡仪（见图4-1）：包括试杆和试模。锥体滑动部分的总质量为（300±2）g。

图4-1 维卡仪

4.2.3 实验步骤

标准稠度用水量以试杆法为准，GB/T 1346—2011 中规定的试锥法可作为替代用法。

(1)实验前的检查事项：仪器金属棒能否自由滑动；试杆降至模顶面位置时，指针是否对准标尺零点；搅拌机是否运转正常等。

(2)水泥净浆的拌制：拌和前，搅拌锅和搅拌叶片需用湿布擦过，将拌合水(水量为 W)倒入搅拌锅内，用 5~10 s 时间将称好的 500 g 水泥试样倒入搅拌锅内水中。拌和时，先将搅拌锅固定在搅拌机的锅座上，升至搅拌位置。启动搅拌机，低速搅拌 120 s，停 15 s，同时将叶片和锅壁上的水泥浆刮至锅中间，接着高速搅拌 120 s 后停机。

(3)标准稠度测定：拌和结束后，立即将拌好的水泥净浆装入已置于玻璃底板上的试模中，用小刀插捣，轻轻振动数次，刮去多余的净浆。抹平后迅速将试模和底板移到维卡仪上，并将其中心定在试杆下，降低试杆直至与水泥净浆表面接触，拧紧螺丝 1~2 s 后，突然放开，使试杆垂直自由地沉入水泥净浆中在试杆停止沉入或释放试杆 30 s 时，记录试杆与底板之间的距离。升起试杆后立即擦净。整个操作应在搅拌后 90 s 内完成。

4.2.4 实验结果与评定

以试杆沉入净浆并距底板(6 ± 1) mm 的水泥净浆为标准稠度净浆。其拌和用水量为该水泥的标准稠度用水量(P)，按水泥质量的百分比计，即

$$P = \frac{W}{500} \times 100\% \qquad (4\text{-}2)$$

式中：W——拌合水量，mL。

按表 4-2 记录实验结果。

表 4-2 实验结果记录表

内容	水泥质量 m_c/g	水质量 m_w/g	下沉深度 S/mm	标准稠度用水量 P/%
标准稠度用水量				

注：若下沉深度为(28 ± 2) mm，则按 $P = \dfrac{m_w}{m_c} \times 100\%$ 计算标准稠度用水量 $P(\%)$，精确至 0.1%；否则按 $P=33.4-0.185S$ 计算标准稠度用水量 $P(\%)$，精确至 0.1%。

4.2.5 注意事项与难点分析

本实验的注意事项与难点分析暂无，学生可自行总结。

4.3 水泥凝结时间实验

4.3.1 实验目的与适用范围

1. 实验目的

水泥凝结时间的长短与施工关系密切。初凝过早，给施工造成困难；终凝太迟，将影响施工进度。国家标准对初凝、终凝时间有规定，因此必须了解水泥的凝结时间。

2. 适用范围

本方法规定了凝结时间测试方法。

本方法适用于硅酸盐水泥、普通硅酸盐水泥、矿渣硅酸盐水泥、粉煤灰硅酸盐水泥、火山灰质硅酸盐水泥、复合硅酸盐水泥、道路硅酸盐水泥及指定采用本方法的其他种类水泥。

3. 引用标准

(1)《水泥净浆标准稠度与凝结时间测定仪》(JC/T 727—2005);

(2)《水泥净浆搅拌机》(JC/T 729—2005);

(3)《水泥标准稠度用水量、凝结时间、安定性检验方法》(GB/T 1346—2011)。

4.3.2　主要仪器设备或材料

(1)维卡仪:测定凝结时间的仪器与测定标准稠度用水量的仪器相同,只是取下试杆,用试针代替试杆。

(2)初凝和终凝用试针。

4.3.3　实验步骤

(1)以标准稠度用水量,用500 g水泥按规定方法拌制标准稠度水泥浆,一次装满试模,振动数次刮平,立即放入湿气养护箱中。记录水泥全部加入水中的时间。

(2)初凝时间的测定:试件在养护箱中养护至加水30 min时进行第一次测定。测定时,将试模放到指针下,降低指针,与水泥净浆表面接触,拧紧螺丝1~2 s后,突然放开,试针垂直自由地沉入水泥净浆,记录指针停止下沉或释放指针30 s时指针的读数。

在最初测定操作时应轻轻扶持金属柱,使其徐徐下降,以防试针撞弯,但结果以自由下落为准。

(3)终凝时间的测定:在完成初凝时间测定后,立即将试模连同浆体以平移的方式从玻璃板上取下,翻转180°,直径大端向上、小端向下放在玻璃板上,再放入养护箱中继续养护,临近凝结时间每隔15 min测定一次。用同样的测定方法,观察指针读数。

4.3.4　实验结果与评定

从水泥全部加入水中的时间起,至试针沉距底板(4±1) mm时所经过的时间为初凝时间;至试针沉入试体0.5 mm时,即环形附件开始不能在试体上留下痕迹时所经过的时间为终凝时间。按表4-3记录实验结果。

表4-3　实验结果记录表

实验次数	水泥用量 /g	用水量 /mL	初凝时间 /min	平均初凝 时间/min	终凝时间 /min	平均终凝 时间/min
1						
2						

4.3.5　注意事项与难点分析

本实验的注意事项与难点分析暂无,学生可自行总结。

4.4 水泥安定性实验

4.4.1 实验目的与适用范围

水泥中含有游离氧化钙、氧化镁及三氧化硫等。由于这些成分在水泥硬化过程中熟化缓慢，在混凝土产生强度后，仍继续熟化，故会引起混凝土膨胀而使建筑物开裂。本实验可检测由于游离氧化钙而引起的水泥体积变化，以表示水泥安定性是否合格。

安定性的测定方法可以用试饼法，也可以用雷氏法，有争议时以雷氏法为准。试饼法是观察水泥净浆试饼沸煮后的外形变化来检验水泥安定性；雷氏法是测定水泥净浆在雷氏夹中沸煮后的膨胀值。

4.4.2 主要仪器设备或材料

（1）沸煮箱：有效容积为 410 mm×240 mm×310 mm。算板结构应不影响实验结果，算板与加热器之间的距离大于 50 mm，箱的内层由不易锈蚀的金属材料制成。能在（30±5）min 内将箱内的实验用水由室温升至沸腾，并可保持沸腾状态 3 h 以上，整个实验过程中不需补充水量。

（2）雷氏夹：由铜质材料制成。当一根指针的根部先悬挂在一根金属丝或尼龙丝上，另一根指针的根部再挂上 300 g 的砝码时，两根指针的针尖距离应增加（17.5±2.5）mm；当去掉砝码后，针尖的距离能恢复到挂砝码前的状态。

（3）雷氏夹膨胀值测量仪（见图 4-2）：标尺最小刻度为 1 mm。

（4）水泥净浆搅拌机。

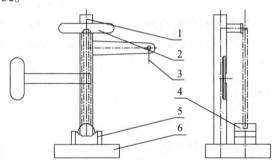

1—支架；2—标尺；3—弦线；4—雷氏夹；5—垫块；6—底座。

图 4-2 雷氏夹膨胀值测量仪

4.4.3 实验步骤

1. 雷氏法

雷氏法是测定水泥净浆在雷氏夹中沸煮后的膨胀值。

（1）每个试样需两个成型试件，每个雷氏夹需配置质量为 75～85 g 的玻璃板两块，一垫一盖，将玻璃板和雷氏夹内表面稍涂一层油。

（2）以标准稠度用水量拌制水泥净浆。将预先准备好的雷氏夹放在已稍涂油的玻璃板上，并立刻将已制好的标准稠度净浆一次装满雷氏夹，装浆时一只手轻扶雷氏夹，另一只手用宽约 10 mm 的小刀插捣数次，然后抹平，盖上稍涂油的玻璃板，立即将试件移至养护箱内养护(24±2) h。

(3)脱去玻璃板取下试件，用雷氏夹膨胀值测量仪测量雷氏夹指针尖端的距离(煮前针尖距离 A)，精确到 0.5 mm。接着将试件放入沸煮箱水中的箅板上，指针朝上，试件之间互不交叉，然后在(30±5) min 内加热至沸腾，并恒沸(180±5) min。

(4)取出沸煮后冷却至室温的试件，测量雷氏夹指针尖端的距离(煮后针尖距离 C)，结果保留至小数点后 1 位。当两个试件煮后增加距离($C{-}A$)的平均值不大于 5.0 mm 时，即认为该水泥安定性合格；当两个试件的($C{-}A$)值相差超过 5 mm 时，应用同一样品立即重做一次实验，以复检结果为准。

2. 试饼法

试饼法是观察水泥净浆试饼沸煮后的外形变化。

(1)将制好的标准稠度净浆一部分分成两等份，使其成球形，放在已涂过油、尺寸约 100 mm×100 mm 的玻璃板上，轻轻振动玻璃板，并用湿布擦过的小刀由边缘向中央抹，做成直径 70~80 mm、中心厚约 10 mm、边缘渐薄、表面光滑的试饼，将试饼放入湿气养护箱内养护(24±2) h。

(2)脱去玻璃板取下试饼，在试饼无缺陷的情况下，将试饼放在沸煮箱水中的箅板上，沸煮方法同雷氏法。

(3)沸煮结束后，取出冷却至室温的试件，目测试饼未发现裂缝，用钢尺检查也没有弯曲的试饼为安定性合格，反之为不合格。当两个试饼判别结果有矛盾时，该水泥的安定性为不合格。

4.4.4　实验结果与评定

按表 4-4 记录实验结果。

表 4-4　实验结果记录表

试饼法				
试饼尺寸	养护时间	煮前外形情况	煮沸时间	煮后外形情况	安定性判断

雷氏法					
养护时间 /h	煮前针尖 距离 A/mm	沸煮时间 /h	煮后针尖 距离 C/mm	差值 /mm	平均值 /mm	安定性判断

4.4.5　注意事项与难点分析

本实验的注意事项与难点分析暂无，学生可自行总结。

4.5 水泥胶砂强度实验

4.5.1 实验目的与适用范围

水泥胶砂强度实验(ISO法)是为了确定水泥的强度等级。本方法规定了水泥胶砂强度实验所用的仪器、胶砂组成、实验条件、操作步骤、结果计算及其抗压强度结果。这些都与ISO 679—2009中相关规定等同。

本方法适用于石灰石硅酸盐水泥、普通硅酸盐水泥、复合硅酸盐水泥、道路硅酸盐水泥的抗压和抗折强度检验。

4.5.2 主要仪器设备或材料

(1)行星式水泥胶砂搅拌机(本实验中以下简称为搅拌机):一种工作时搅拌叶片既绕自身轴线自转,又沿搅拌锅周边公转,运动轨迹似行星式的水泥胶砂搅拌机。

(2)水泥胶砂振动台(本实验中以下简称为振动台):由同步电动机带动凸轮转动,使振动部分上升至定值后自由落下,产生振动。振动台的振幅为(15±0.3) mm,振动频率为60次/(60±2)s。

(3)试模和套模:可卸的三联模,由隔板、端板、底座等组成。模槽内腔尺寸为40 mm×40 mm×160 mm。套模为壁高20 mm的金属模套,当从上向下看时,模套壁与试模内壁应该重叠。

(4)抗折实验机:抗折夹具的加荷圆柱与支撑圆柱直径应为(10±0.1) mm,两个支撑圆柱中心距离为(100±0.2) mm。

(5)抗压实验机:以200~300 kN为宜,在接近4/5量程范围内使用时,记录的荷载应有1±1%精度,并具有按(2 400±200)N/s速率的加荷能力。

(6)抗压夹具:由硬质钢材制成,上、下压板长(40±0.1) mm,宽度不小于40 mm,加压面必须磨平。

(7)两个播料器(大播料器、小播料器)和金属刮平直尺。

4.5.3 实验步骤

1. 试件成型

(1)成型前将试模擦净,四周的模板与底座的接触面上应涂干黄油,紧密装配,防止漏浆,内壁均匀刷一薄层机油。

(2)水泥与ISO标准砂的质量比为1:3,水灰比为0.5。每成型3条试件需要称量水泥(450±2) g,ISO标准砂(1 350±5) g,拌和用水量(225±1) g。

(3)搅拌时先将水加入锅中,再加入水泥,把锅放在固定架上,上升至固定位置,然后立即开动机器,低速搅拌30 s后,在第二个30 s开始的同时均匀地将砂子加入(当各级砂是分装时,从最粗粒级开始,依次将所需的每级砂量加完)。把搅拌机转至高速再拌30 s,停拌90 s,在第一个15 s内用一胶皮刮具将叶片和锅壁上的胶砂刮至锅中间,在高速下继续搅拌60 s。各个搅拌阶段,时间误差应在±1 s以内。

（4）在搅拌胶砂的同时，将试模和模套固定在振动台上。用一个适当的勺子直接从搅拌锅里将胶砂分两层装入试模，装第一层时，每个槽里约放 300 g 胶砂，将大播料器垂直架在模套顶部，沿每个模槽来回一次将料层播平，接着振实 60 次。再装入第二层胶砂，用小播料器播平，再振实 60 次。移走模套，从振动台上取下试模，将金属直尺以近似 90° 的角度架在试模模顶的一端，然后沿试模长度方向以横向锯割动作慢慢向另一端移动，一次将超过试模部分的胶砂刮去，并用同一直尺在近乎水平的情况下将试体表面抹平。

（5）在试模上做标记或加字条标明试件编号和试件相对于振动台的位置。

2. 试件养护

（1）将做好标记的试模放入雾室或湿箱的水平架子上养护，湿空气应能与试模各边接触。一直养护到规定的脱模时间（对于 24 h 龄期的，应在破型实验前 20 min 内脱模，对于 24 h 以上龄期的应在成型后 20～24 h 之间脱模）时取出脱模。脱模前用防水墨汁或颜料笔对试体进行编号和做其他标记，两个龄期以上的试体，在编号时应将同一试模中的 3 条试体分在两个以上龄期内。

（2）将做好标记的试件立即水平或竖直放在（20±1）℃水中养护，水平放置时刮平面应朝上。养护期间试件之间间隔或试体表面的水深不得小于 5 mm。每个养护池只养护同类型的水泥试件，试件在水中养护期间不允许全部换水。除 24 h 龄期或延迟至 48 h 脱模的试件以外，任何到龄期的试件均应在实验前 15 min 从水中取出。揩去试件表面沉积物，并用湿布覆盖直至实验。

3. 抗折强度实验

不同龄期强度实验必须在以下规定时间内进行强度实验：24 h±15 min；48 h±30 min；72 h±45 min；7 d±2 h；>28 d±8 h。

将试件一个侧面放在实验机支撑圆柱上，试体长轴垂直于支撑圆柱，通过加荷，圆柱以（50±10）N/s 的速率均匀地将荷载垂直地加在棱柱体相对侧面上，直至折断，记录抗折破坏荷载 F_f（N）。保持两个半截棱柱体处于潮湿状态直至抗压实验。

抗折强度 R_f 按式（4-3）计算（精确至 0.1 MPa），即

$$R_f = \frac{1.5 F_f L}{b^3} \tag{4-3}$$

式中：F_f——折断时施加于棱柱体中部的荷载，N；

　　　L——支撑圆柱之间的距离，为 100 mm；

　　　b——棱柱体正方形截面的边长，为 40 mm。

以一组 3 个试件实验结果的算术平均值为抗折强度的测定结果，精确至 0.1 MPa。当 3 个实验结果中有一个超出它们算术平均值的±10%时，应剔除该结果后再取其余两个实验结果的算术平均值作为抗折强度的测定结果。

4. 抗压强度实验

抗折强度实验后的两个断块应立即进行抗压强度实验。将折断的半截棱柱体置于抗压夹具中，以试件的侧面作为受压面。半截棱柱体中心与压力机压板中心差应在±0.5 mm 内，试件露在压板外的部分约有 10 mm。在整个加荷过程中以（2 400±200）N/s 的速率均匀地加荷直至试件破坏，并记录破坏荷载 F_c（N）。

抗压强度 R_c 按式(4-4)计算(精确至 0.1 MPa),即

$$R_c = \frac{F_c}{A} \tag{4-4}$$

式中:F_c——破坏时的最大荷载,N;

A——受压部分面积,40 mm×40 mm=1 600 mm^2。

以一组 3 个棱柱体上得到的 6 个实验结果的算术平均值为抗压强度的测定结果。如 6 个中有一个超出它们算术平均值±10%时,应剔除这个结果,以剩下 5 个的算术平均值为结果。如果 5 个实验结果中再有超过它们平均数±10%的,则此组结果作废。

4.5.4 实验结果与评定

按表 4-5 记录实验结果。

表 4-5 实验结果记录表

试件龄期	抗折强度				抗压强度			
	序号	破坏荷载/kN	抗折强度/MPa	平均值/MPa	序号	破坏荷载/kN	抗压强度/MPa	平均值/MPa
28 d	1				1			
					2			
	2				3			
					4			
	3				5			
					6			

4.5.5 注意事项与难点分析

本实验的注意事项与难点分析暂无,学生可自行总结。

第5章

普通混凝土实验

5.1 水泥混凝土拌合物试样制备

5.1.1 实验目的与适用范围

(1)拌制混凝土的原材料应符合技术要求,并与施工实际用料相同。在拌和前,材料的温度应与室温[应保持在(20±5)℃]相同,水泥如有结块现象,应用64孔/cm²筛过筛,筛余团块不得使用。

(2)拌制混凝土的材料用量以质量计。称量的精确度:骨料为±1%;水、水泥及混合材料为±0.5%。

(3)混凝土拌合物的制备应符合《普通混凝土配合比设计规程》(JGJ 55—2011)中的有关规定。

(4)从试样制备完毕到开始做各项性能实验不宜超过5 min(不包括成型试件)。

5.1.2 主要仪器设备或材料

(1)砂浆搅拌机(本实验中以下简称为搅拌机):容量60～100 L,转速为18～22 r/min。

(2)磅秤:称量50 kg,感量50 g。

(3)天平(称量5 kg,感量1 g)、量筒(200 mL、1 000 mL)、拌板(约1.5 m×2 m)、拌铲、盛器等。

5.1.3 实验步骤

1. 人工拌和

(1)按所定配合比备料,以全干状态为准。

(2)将拌板和拌铲用湿布润湿后,将砂子倒在拌板上,然后加入水泥,用拌铲自拌板一

· 43 ·

端翻拌至另一端，来回重复，直至充分混合、颜色均匀，再加上石子，翻拌至混合均匀。

（3）将干混合物堆成堆，在中间做一凹槽，将已称量好的水倒约1/2在凹槽中（勿使水流出），然后仔细翻拌，并徐徐加入剩余的水，继续翻拌，每翻拌一次，用铲在拌合物上铲切一次，直到拌和均匀为止。

（4）拌和时力求动作敏捷，拌和时间从加水时算起，应大致符合下列规定：

①拌合物体积为30 L以下时，4～5 min；

②拌合物体积为30～50 L时，5～9 min；

③拌合物体积为51～75 L时，9～12 min。

（5）拌好后，根据实验要求，立即做坍落度测定或试件成型。从开始加水时算起，全部操作须在30 min内完成。

2. 机械拌和

（1）按所定配合比备料，以全干状态为准。

（2）预拌一次，即将按配合比设计的水泥、砂和水组成的砂浆及少量石子在搅拌机中进行涮膛，然后倒出并刮去多余的砂浆。其目的是使水泥砂浆黏附满搅拌机的筒壁，以免正式拌和时影响拌合物的配合比。

（3）开动搅拌机，向搅拌机内依次加入石子、砂、水泥，干拌均匀，再将水徐徐加入，全部加料时间不超过2 min，水全部加入后，继续拌和2 min。

（4）将拌合物自搅拌机卸出，倾倒在拌板上，再经人工拌和1～2 min，即可做坍落度测定或试件成型。从开始加水时算起，全部操作必须在30 min内完成。

5.1.4　实验结果与评定

本实验无实验结果和评定。

5.1.5　注意事项与难点分析

本实验的注意事项与难点分析暂无，学生可自行总结。

5.2　普通混凝土拌合物和易性测定

5.2.1　实验目的与适用范围

坍落度是表示混凝土拌合物稠度的一种指标，本实验适用于坍落度大于10 mm、集料粒径小于40 mm的混凝土。对于集料粒径大于40 mm的混凝土，允许用加大坍落度筒，但应予以说明。

5.2.2　主要仪器设备或材料

（1）坍落度筒（见图5-1）：由薄钢板或其他金属制成的圆台形筒。内壁应光滑，无凹凸部位，底面和顶面应互相平行，并与锥体的轴线垂直。在筒外 2/3 高度处安两个手把，下端应焊脚踏板。筒的内部尺寸为：底部直径（200±2）mm；顶部直径（100±2）mm；高度（300±2）mm。

（2）维勃稠度仪（见图 5-2）：由振动台、容器、旋转架、坍落度筒及捣棒等部分组成。

（3）捣棒：直径 16 mm、长 600 mm 的钢棒，端部应磨圆。

（4）小铲、木尺、钢尺、拌板、镘刀等。

图 5-1　坍落度筒

图 5-2　维勃稠度仪

5.2.3　实验步骤

1. 坍落度实验

本方法适用于骨料最大粒径不大于 40 mm、坍落度不小于 10 mm 的混凝土拌合物稠度测定。测定时需拌合物约 15 L。

（1）润湿坍落度筒及其他用具，并把筒放在不吸水的刚性水平底板上，在坍落度筒内壁和底板上应无明水。用脚踩住两边的脚踏板，使坍落度筒在装料时保持固定的位置。

（2）将混凝土试样用小铲分 3 层均匀地装入筒内，捣实后每层高度应为筒高的 1/3 左右。每层用捣棒插捣 25 次。插捣应沿螺旋方向由外向中心进行，各次插捣应在截面上均匀进行。插捣筒边混凝土时，捣棒可以稍稍倾斜；插捣底层时，捣棒应贯穿整个深度；插捣第二层和顶层时，捣棒应插本层至下一层的表面；浇灌顶层时，混凝土应灌至高出筒口。插捣过程中，如混凝土低于筒口，则应随时添加。顶层插捣完后，刮去多余的混凝土，用抹刀抹平。

（3）清除筒边底板上的混凝土后，垂直、平稳地提起坍落度筒。提离过程应在 5～10 s 内完成；从开始装料到提起坍落度筒的整个进程应不间断地进行，并应在 150 s 内完成。

（4）提起坍落度筒后，测量筒高与坍落后混凝土试体最高点之间的高度差，即为该混凝土拌合物的坍落度（以 mm 为单位，精确至 5 mm）。

（5）坍落度筒提离后，如试件发生崩坍或一边剪坏现象，则应重新取样进行实验。如第二次实验仍出现这种现象，则表示该混凝土拌合物和易性不好，应予记录备查。

（6）观察坍落后的混凝土试体的黏聚性和保水性。用捣棒在已坍落的混凝土锥体侧面轻轻敲打，如果锥体逐渐下沉，则表示黏聚性良好；如果锥体倒塌、部分崩裂或出现离析现象，则表示黏聚性不好。保水性以混凝土拌合物中稀浆析出的程度来评定，坍落度筒提起后如有较多的稀浆从底部析出，锥体部分的混凝土也因失浆而骨料外露，则表明此混凝土拌合物的保水性不好；如无这种现象，则表明保水性良好。

（7）坍落度的调整。当测得拌合物的坍落度达不到要求或认为黏聚性、保水性不满意时，可保持水灰比不变，掺入水泥和水进行调整，掺量为原试拌用量的5%或10%；当坍落度过大时，可保持砂率不变，增加砂和石子用量，尽快拌和均匀，重新测定坍落度。

2. 维勃稠度实验

本方法用于骨料最大粒径不大于40 mm、维勃稠度在5~30 s之间的混凝土拌合物稠度测定。

（1）将维勃稠度仪放置在坚实水平的地面上，用湿布将容器、坍落度筒、喂料口内壁及其他用具润湿。

（2）将喂料斗提到坍落度筒上方扣紧，矫正容器位置，使其中心与喂料斗中心重合，然后拧紧固定螺丝。

（3）把按要求取得的混凝土拌合物用小铲分3层经喂料斗均匀地装入坍落度筒，装料及插捣的方法与坍落度实验相同。

（4）将圆盘、喂料斗都转离坍落度筒，小心并垂直地提起坍落度筒，此时应注意不要使混凝土试体产生横向的扭动。

（5）将圆盘转到混凝土圆台体上方，放松测杆螺丝，降下圆盘，使其轻轻地接触到混凝土顶面，拧紧固定螺丝，检查测杆螺丝是否完全放松。同时，开启振动台和秒表，在透明圆盘的底面被水泥浆布满的瞬间，立即关闭振动台和秒表，记录时间。

由秒表读出的时间（s），即为该混凝土拌合物的维勃稠度（精确至1 s）。

5.2.4　实验结果与评定

按表5-1记录实验结果。

表5-1　实验结果记录表

1 m³ 混凝土各材料用量				
混凝土设计等级	水泥的质量/kg	水的质量/kg	细骨料的质量/kg	粗骨料的质量/kg	水灰比 W/C

试拌 __L混凝土及调整材料用量							
试拌及调整	水泥的质量/kg	水的质量/kg	细骨料的质量/kg	粗骨料的质量/kg	坍落度/mm	维勃稠度/s	黏聚性	保水性
试拌量								
调整量								
总用量					调整后和易性			

5.2.5　注意事项与难点分析

本实验的注意事项与难点分析暂无，学生可自行总结。

5.3　普通混凝土拌合物表观密度实验

5.3.1　实验目的与适用范围

本实验旨在测量普通混凝土拌合物表观密度。

5.3.2　主要仪器设备或材料

(1)容量筒：金属制圆筒，两旁装有提手，容积为 5 L。

(2)台秤：称量 50 kg，感量 50 g。

(3)振动台：频率为(50±3) Hz，空载时的振幅为(0.5±0.1) mm。

(4)捣棒：直径 16 mm、长 600 mm 的钢棒，端部应磨圆。

5.3.3　实验步骤

(1)用湿布把容量筒内外擦干净，称出容量筒的质量 m_1(kg)，精确至 50 g。

(2)对于坍落度不大于 70 mm 的混凝土，用振动台振实为宜；大于 70 mm 的混凝土用捣棒振实为宜。采用振动台振实时，应一次将混凝土拌合物灌至高出容量筒口。装料时可用捣棒稍加插捣，振动过程中如混凝土沉落到低于筒口，应随时添加混凝土，振动直至表面出浆为止。采用捣棒捣实时，应根据容量筒的大小决定分层与插捣次数。

(3)用刮刀将筒口多余的混凝土拌合物刮去，表面应刮平，将容量筒外壁擦干净，称出容量筒和试件的总质量 m_2(kg)，精确至 50 g。

5.3.4　实验结果与评定

按式(5-1)计算混凝土拌合物表观密度，即

$$\rho_{\rm h} = \frac{m_2 - m_1}{V} \times 1000 \qquad (5-1)$$

式中：$\rho_{\rm h}$——混凝土拌合物表观密度，kg/m³；

m_1——容量筒的质量，kg；

m_2——容量筒和试件的总质量，kg；

V——容量筒的容积，L。

实验结果的计算精确至 10 kg/m³。按表 5-2 记录实验结果。

表 5-2　实验结果记录表

试件编号	容量筒的容积/m³	容量筒的质量/kg	容量筒和试件的总质量/kg	混凝土净质量/kg	混凝土拌合物表观密度/(kg·m⁻³)
1					
2					
3					
混凝土拌合物表观密度平均值①/(kg·m⁻³)					

注：①精确至 10 kg/m³。

5.3.5　注意事项与难点分析

本实验的注意事项与难点分析暂无，学生可自行总结。

5.4　混凝土立方体抗压强度实验

5.4.1　实验目的与适用范围

本实验规定了测定混凝土立方体抗压强度的方法，以确定混凝土的强度等级，作为评定混凝土品质的主要指标，本实验适用于各类混凝土的立方体试件。

5.4.2　主要仪器设备或材料

(1)压力实验机：实验机精度应为±1%，试件破坏荷载必须大于压力机全量程的20%且小于压力机全量程的80%。

(2)振动台：空载振动频率为(50±3) Hz，空载振幅约为(0.5±0.02) mm。

(3)试模：由铸铁或钢制成，应有足够的刚度并拆装方便，试模内表面应采用机械加工，其不平度应为每100 mm不超过0.5 mm，组装后各相邻面的不垂直度应不超过±0.5°。

(4)捣棒、小铁铲、金属直尺、镘刀等。

5.4.3　实验步骤

1. 试件的制作

混凝土立方体抗压强度实验一般以3个试件为一组，每一组试件所用的混凝土拌合物应由同一次拌和成的拌合物中取出。

(1)实验采用立方体试件，以150 mm×150 mm×150 mm试件为标准，也可采用200 mm×200 mm×200 mm试件；当粗骨料粒径较小时，可用100 mm×100 mm×100 mm试件。

(2)制作试件前，首先检查试模的尺寸、内表面平整度和相邻面夹角是否符合要求，拧紧螺丝，将试模清理干净，并在试模的内表面涂一薄层矿物油脂或其他脱模剂。

(3)将配制好的混凝土拌合物装模成型，成型方法按混凝土的稠度而定。混凝土拌合物拌制后宜在15 min内成型。

坍落度不大于70 mm的混凝土用振动台振实。将拌合物一次装入试模，并稍有富余，然后将试模放在振动台上并加以固定，开动振动台至拌合物表面呈现水泥浆为止，记录振动时间。振动结束后，用抹刀沿试模边缘将多余的拌合物刮去，并将表面抹平。坍落度大于 70 mm 的混凝土采用人工捣实，混凝土拌合物分两层装入试模，每层厚度大致相等。插捣时按螺旋方向由边缘向中心均匀进行。插捣底层时，捣棒应达到试模底面；插捣上层时，捣棒应穿入下层深度 20～30 mm。插捣时应保持捣棒垂直不得倾斜，并用抹刀沿试模内壁插入数次，以防止试件产生麻面。一般每 100 cm^2 面积应不少于 12 次。然后刮去多余的混凝土，并用抹刀抹平。

2. 试件的养护

(1)采用标准养护的试件，成型后应立即用不透水的薄膜覆盖表面，以防止水分蒸发，并应在室温为(20±5) ℃的情况下静置 1～2 d，然后编号、拆模。

(2)拆模后的试件应立即放在温度为(20±2) ℃、湿度为 90% 以上的标准养护室内养护。在标准养护室内试件应放在架上，彼此间隔为 10～20 mm，并应避免用水直接淋刷试件；无标准养护室时，试件可在温度为(20±2) ℃的不流动水中或 Ca(OH)$_2$ 饱和溶液中养护，水的 pH 值不应小于 7。标准养护龄期为 28 d。

(3)与构件同条件养护的试件成型后，应覆盖表面。试件的拆模时间可与实际构件的拆模时间相同。拆模后，试件仍需保持同条件养护。

3. 抗压强度实验

(1)从养护室取出试件后，随即擦干水分并量出其尺寸(精确至 1 mm)，以此计算试件的承压面积 A(mm^2)。

(2)将试件安放在实验机的下承压板上，试件的承压面应与成型时的顶面垂直。试件的中心应与实验机下压板中心对准。开动实验机，当上压板与试件接近时，调整球座，使两者接触均衡。

(3)加压时，应持续而均匀地加荷。加荷速度为：混凝土强度等级<C30 时，为 0.3～0.5 MPa/s；混凝土强度等级≥C30 且<C60 时，为 0.5～0.8 MPa/s；混凝土强度等级≥C60 时，为 0.8～1.0 MPa/s。当试件接近破坏而开始迅速变形时，停止调整实验机油门，直至试件破坏。记录试件的破坏荷载 P(N)。

5.4.4 实验结果与评定

按式(5-2)计算混凝土立方体试件的抗压强度(精确至 0.1MPa)，即

$$f_{cu} = \frac{P}{A} \tag{5-2}$$

式中：f_{cu}——混凝土立方体试件的抗压强度，MPa；

P——试件的破坏荷载，N；

A——试件的承压面积，mm^2。

以 3 个试件测定结果的算术平均值作为该组试件的抗压强度。3 个测定结果的最大值或最小值中，如有一个与中间值的差值超过中间值的 15%，则把最大值及最小值一并舍去，取中间值作为该组试件的抗压强度。如有两个测定结果与中间值的差值均超过中间值的

15%，则该组试件的测定结果无效。

混凝土的抗压强度以 150 mm×150 mm×150 mm 试件的抗压强度为标准值，用其他尺寸试件测得的抗压强度均应乘以表 5-3 中的抗压强度换算系数。

表 5-3　试件尺寸及抗压强度换算系数

试件尺寸/mm	骨料最大粒径/mm	每层插捣次数/次	抗压强度换算系数
100×100×100	30	12	0.95
150×150×150	40	25	1
200×200×200	60	50	1.05

按表 5-4 记录实验结果。

表 5-4　实验结果记录表

试件编号	龄期/d	试件尺寸			破坏荷载/kN	抗压强度 f_{cu}/MPa
		长/mm	宽/mm	面积/mm²		
1						
2						
3						
抗压强度评定值/MPa						

5.4.5　注意事项与难点分析

本实验的注意事项与难点分析暂无，学生可自行总结。

5.5　混凝土强度无损检验

5.5.1　实验目的与适用范围

在正常情况下，混凝土强度的验收与评定应按《混凝土结构工程施工质量验收规范》（GB 50204—2015）及《混凝土强度检验评定标准》（GB/T 50107—2010）执行。当对结构的混凝土强度有怀疑时，可采用无损检验，按有关标准的规定对结构或构件中混凝土强度进行推定，并作为处理混凝土质量问题的一个主要依据。用于混凝土强度无损检验的方法很多，有超声波法、回弹法、钻芯法、拔出法、放射线法、谐振法、电测法及表面波法等，其中常用前两种方法对混凝土强度进行综合判断，即超声回弹综合法，该方法的现行标准为《超声回弹综合法检测混凝土抗压强度技术规程》（T/CECS 02—2020）。

5.5.2　主要仪器设备或材料

（1）回弹仪：中型回弹仪（见图 5-3），主要由弹击系统、示值系统和仪壳部件等组成，冲击动能为 2.207 J。

（2）超声波检测仪：由同步分频、发射、接收、扫描、示波、计时显示及电源供给等部分组成，声时范围应为 0.5～9 999 μs。

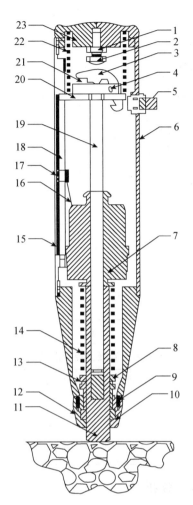

1—紧固螺母；2—调零螺钉；3—挂钩；4—挂钩圆柱销；5—按钮；6—机壳；7—弹击锤；8—拉簧座；
9—卡环；10—密封圈；11—弹击杆；12—前盖；13—缓冲压簧；14—弹击拉簧；15—刻度尺；16—指针片；
17—指针块；18—指针轴；19—中心导杆；20—导向法兰；21—挂钩压簧；22—压簧；23—尾盖。

图 5-3　回弹仪

5.5.3　实验步骤

（1）回弹值的测量与计算。将回弹仪的弹击杆垂直对准具有代表性的被测位置，然后使仪器的弹击锤借弹击拉簧的力量打击弹击杆，根据与弹击杆头部接触处的混凝土试件表面的硬度，弹击锤将回弹到一定的位置，可以按刻度尺上的指针读出回弹值。一般在每个被测面选取 16 个不同的测点进行测定，剔除最大值和最小值各 3 个，取余下的 10 个回弹值进行平均，即为所测的回弹值 N。

（2）超声声速值的测量与计算。超声测点应布置在回弹测试的同一测区内，且发射和接收换能器的轴线应在同一轴线上，并保证换能器与混凝土耦合良好，测出超声脉冲的传播时间，即测区平均声时值 t_m，然后按式（5-3）计算测区声速，即

$$v = \frac{l}{t_m} \tag{5-3}$$

式中：v——测区声速值，km/s；

　　　l——超声测距，mm；

　　　t_m——测区平均声时值，μs。

5.5.4　实验结果与评定

测区的混凝土强度换算应根据修正后的测区回弹值及修正后的测区声速值，优先采用专用或地区测强曲线推定。当无该类测强曲线时，也可按 T/CECS 02—2020 中的测区混凝土强度换算表确定，或按经验公式计算。结构或构件的混凝土强度推定值按规定条件确定。按表 5-5 和表 5-6 记录实验结果。

表 5-5　实验结果记录表

试件	回弹值																
	1	2	3	4	5	6	7	8	9	10	11	12	13	14	15	16	N_m
1																	
2																	
3																	

表 5-6　混凝土强度推定表

试件	修正后的测区回弹值	强度换算值/MPa	强度换算值标准差/MPa	强度推定值/MPa
1				
2				
3				

5.5.5　注意事项与难点分析

本实验的注意事项与难点分析暂无，学生可自行总结。

5.6　混凝土立方体劈裂抗拉强度实验

5.6.1　实验目的与适用范围

混凝土的抗拉强度只有抗压强度的 1/20～1/10，且随着混凝土强度等级的提高，比值降低。混凝土在工作时一般不依靠其抗拉强度。但抗拉强度对于抗开裂性有重要意义，在结构设计中抗拉强度是确定混凝土抗裂能力的重要指标。有时，也用它来间接衡量混凝土与钢筋的黏结强度等。

混凝土的抗拉强度采用立方体劈裂抗拉强度实验来测定(混凝土的抗拉强度称为劈裂抗拉强度)。该方法的原理是在立方体试件两个相对的表面素线上作用均匀分布的压力，使在荷载所作用的竖直平面内产生均匀分布的拉伸应力；当拉伸应力达到混凝土极限抗拉强度时，试件将被劈裂破坏，从而可以测出混凝土的劈裂抗拉强度。

5.6.2　主要仪器设备或材料

（1）垫层为木质三合板，也可以是钢制（结实耐用）。其尺寸为：宽度 b 为 $15 \sim 20$ mm；厚度 t 为 $3 \sim 4$ mm；长度 L 大于或等于立方体试件的边长。垫层为木质三合板时，不得重复使用；为钢制时，可以重复使用。

（2）垫板：在实验机的压板与垫层之间必须加放直径为 150 mm 的钢质弧形垫板，其长度不得短于试件边长，钢垫板的平面尺寸应不小于试件的承压面积，厚度应不小于 25 mm，半径 75 mm。钢垫板应机械加工承压面的平面度公差为 0.04 mm；表面硬度不小于 55 HRC；硬化层厚度约为 5 mm。

（3）压力机、试模等：与混凝土立方体抗压强度实验中的规定相同。

5.6.3　实验步骤

（1）试件从养护室取出后应及时进行实验，在实验前试件应保持与原养护地点相似的干湿状态。将试件表面与压力机上、下承压板面擦干净。

（2）在试件侧面中部画线定出劈裂面的位置，劈裂承压面和劈裂面应与试件成型时的顶面垂直，量出劈裂面的边长（精确至 0.01mm），计算出试件的劈裂面面积 A。

（3）将试件放在实验机下压板的中心位置。在上、下压板与试件之间加垫层和垫板，使垫板的接触母线与试件上的荷载作用线准确对齐（见图 5-4）。

（4）开动实验机，当上压板与圆弧形垫板接近时，调整球座，使接触均衡。加荷应连续而均匀，当混凝土强度等级<C30 时，加荷速度取 $0.02 \sim 0.05$ MPa/s；当混凝土强度等级≥C30 且<C60 时，加荷速度取 $0.05 \sim 0.08$ MPa/s；当混凝土强度等级 ≥ C60 时，加荷速度取 $0.08 \sim 0.10$ MPa/s。

（5）在试件临近破坏开始急速变形时，停止调整实验机油门，继续加荷直至试件破坏，记录试件的破坏荷载 P。

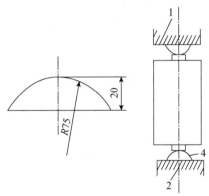

1—上压板；2—下压板。

图 5-4　混凝土立方体劈裂抗拉强度实验装置示意图

5.6.4　实验结果与评定

（1）混凝土劈裂抗拉强度按式（5-4）计算（精确至 0.01 MPa），即

$$f_{ts} = \frac{2P}{\pi A} = 0.637 \times \frac{P}{A} \tag{5-4}$$

式中：f_{ts}——混凝土劈裂抗拉强度，MPa；

　　　P——试件的破坏荷载，N；

　　　A——试件的劈裂面面积，mm^2。

（2）以3个试件实验结果的算术平均值作为该组试件的劈裂抗拉强度测定结果（精确至 0.01 MPa）。3个实验结果的最大值或最小值中如有一个与中间值的差值超过中间值的15% 时，则把最大及最小值一并舍除，取中间值作为该组试件的劈裂抗拉抗压强度。如最大值和 最小值与中间值的差值均超过中间值的15%，则该组试件的实验结果无效。

（3）采用100 mm×100 mm×100 mm 非标准试件测得的劈裂抗拉强度应乘以尺寸换算系数 0.85；当混凝土强度等级≥C60 时，宜采用标准试件；使用非标准试件时，尺寸换算系数应 由实验确定。

按表5-7 记录实验结果。

表5-7　实验结果记录表

试件	试件的破坏荷载 P/N	试件的劈裂面面积 A/mm^2	劈裂抗拉强度 f_{ts}/MPa	劈裂抗拉强度 平均值/MPa
1				
2				
3				

5.6.5　注意事项与难点分析

本实验的注意事项与难点分析暂无，学生可自行总结。

第6章

砂浆实验

6.1 试样制备

6.1.1 实验目的与适用范围

(1)拌制砂浆所用的原材料应符合质量标准,并要求提前运入实验室内,拌和时实验室的温度应保持在(20±5)℃。

(2)水泥如有结块,应充分混合均匀,以0.9 mm筛过筛。砂应以5 mm筛过筛。

(3)拌制砂浆时,材料称量精度为:水泥、外加剂等为0.5%;砂、石灰膏、黏土膏等为1%。

(4)拌制前应将搅拌机、拌和铁板、拌铲、抹刀等工具表面用水润湿,注意拌和铁板上不得有积水。

6.1.2 主要仪器设备或材料

(1)砂浆搅拌机(本实验中以下简称为搅拌机)。

(2)拌和铁板:长和宽约为1.5 m×2 m,厚约3 mm。

(3)磅秤:称量50 kg,感量50 g。

(4)台秤:称量10 kg,感量1 g。

(5)拌铲、抹刀、量筒、盛器等。

6.1.3 实验步骤

(1)人工拌和:按配合比称取原材料用量。将称量好的砂子倒在拌板上,再加入水泥用拌铲拌和至混合物颜色均匀,呈圆锥形,在中间作一凹坑,将称好的石灰膏或黏土膏倒入凹坑中,再倒入适量水将石灰膏或黏土膏稀释,然后与水泥和砂共同拌和,并逐渐加水,直到拌合物色泽一致、和易性满足要求为止,拌和时间一般需5 min。

(2)机械拌和:按配合比先拌适量砂浆,使搅拌机内壁黏附一薄层水泥砂浆,使正式拌和时的砂浆配合比成分准确。然后将称量好的水泥和砂装入搅拌机内，开动搅拌机，将水徐徐加入，搅拌约 3 min，使物料拌和均匀（搅拌的用量不宜少于搅拌机容量的 20%，搅拌时间不宜少于 2 min）。最后，将砂浆拌合物倒至拌和铁板上，用拌铲翻拌几次，使其均匀。

6.1.4　实验结果与评定

本实验无实验结果和评定。

6.1.5　注意事项与难点分析

本实验的注意事项与难点分析暂无，学生可自行总结。

6.2　砂浆稠度实验

6.2.1　实验目的与适用范围

本实验旨在测量砂浆的稠度。

6.2.2　主要仪器设备或材料

（1）砂浆稠度测定仪（见图 6-1）。

（2）钢制捣棒（直径 10 mm，长 350 mm，端部磨圆）、台秤、拌锅、拌板、量筒、秒表等。

图 6-1　砂浆稠度测定仪

6.2.3 实验步骤

(1)将盛浆容器和试锥表面用湿布擦净,并用少量润滑油轻擦滑杆,使滑杆能自由滑动。

(2)将拌好的砂浆一次装入容器内,使砂浆表面低于容器口约 10 mm,用捣棒插捣 25 次,并将容器振动 5～6 次,使砂浆表面平整,然后置于砂浆稠度测定仪的底座上。

(3)放松试锥滑杆的制动螺丝,向下移动滑杆。当试锥尖端与砂浆表面接触时,拧紧制动螺丝,使齿条测杆下端接触滑杆上端,并将指针对准零点。

(4)突然松开制动螺丝,使试针自由沉入砂浆中,同时计时。10 s 时立即固定螺丝,将齿条测杆下端接触滑杆上端,从刻度盘上读出下沉深度(精确至 1 mm),即为砂浆的稠度。

(5)圆锥筒内的砂浆只允许测定一次稠度,重复测定时,应重新取样。

6.2.4 实验结果与评定

以两次实验结果的算术平均值作为砂浆稠度测定结果(精确至 1 mm),如两次实验结果之差大于 10 mm,应重新配料测定。按表 6-1 记录实验结果。

表 6-1 实验结果记录表

	水泥用量	用水量	细骨料	石灰膏
材料用量/kg				
	1	2	平均值	
下沉深度/mm				

6.2.5 注意事项与难点分析

本实验的注意事项与难点分析暂无,学生可自行总结。

6.3 砂浆分层度实验

6.3.1 实验目的与适用范围

本实验旨在测量砂浆的分层度。

6.3.2 主要仪器设备或材料

(1)砂浆分层度测定仪(见图 6-2)。

(2)其他仪器同砂浆稠度实验。

图 6-2 砂浆分层度测定仪

6.3.3 实验步骤

(1)将拌和好的砂浆经砂浆稠度实验后重新拌和均匀，一次装满分层度筒内。用木锤在容器周围距离大致相等的 4 个不同地方轻敲 1～2 次，如砂浆沉落到分层度筒口以下，应随时添加，然后刮去多余的砂浆，并用抹刀抹平。

(2)静置 30 min，去掉上层 200 mm 砂浆，剩余的 100 mm 砂浆重新倒入搅拌锅拌和 2 min，再测定砂浆稠度。

(3)前后两次砂浆稠度的差值，即为砂浆的分层度(精确至 1 mm)。

6.3.4 实验结果与评定

取两次实验结果的算术平均值作为该砂浆的分层度测定结果。如两次实验结果之差大于 10 mm，应重做实验。按表 6-2 记录实验结果。

表 6-2 实验结果记录表

	水泥用量	用水量	细骨料	石灰膏
材料用量/kg				
	1	2	平均值	
分层度/mm				

6.3.5 注意事项与难点分析

本实验的注意事项与难点分析暂无，学生可自行总结。

6.4　砂浆抗压强度实验

6.4.1　实验目的与适用范围

本实验旨在测量砂浆的抗压强度。

6.4.2　主要仪器设备或材料

(1)压力实验机(采用精度不大于±2%的实验机,其量程应能使试件预期破坏荷载不小于全量程的20%,也不大于全量程的80%)。

(2)试模:符合《混凝土试模》(JG/T 237—2008)的要求,内部尺寸为70.7 mm×70.7 mm×70.7 mm的带底试模。

(3)捣棒(直径10 mm、长350 mm、端部磨圆的钢棒)、刮刀等。

6.4.3　实验步骤

1. 试件制作

采用立方体试件,每组试件应为3个。试模内应涂刷薄层机油或隔离剂。将拌制好的砂浆一次性装满试模,成型方法应根据稠度确定。当稠度大于50 mm时,宜采用人工捣实;当稠度不大于50 mm时,宜采用振动台振实。

(1)人工捣实:应采用捣棒均匀地由边缘向中心按螺旋方式插捣25次,插捣过程中当有砂浆沉落,低于试模口时,应随时添加砂浆,可用油灰刀插捣数次,并用手将试模一边抬高5~10 mm,各振动5次,砂浆应高出试模顶面6~8 mm。

(2)振动台振实:将砂浆一次性装满试模,放置到振动台上,振动时试模不得跳动,振动5~10 s或持续到表面泛浆为止,不得过振。待砂浆表面出现麻斑时(15~30 min),将高出模口的砂浆沿试模顶面刮去并抹平。

2. 养护

试件制作后,应在(20±5)℃环境下静置(24±2) h。当气温较低时,或者凝结时间大于24 h时,可适当延长时间,但不应超过2 d。然后,对试件进行编号并拆模。试件拆模后,立即放入标准养护室中[养护条件:混合砂浆为(20±2)℃,相对湿度60%~80%;水泥砂浆为(20±2)℃,相对湿度90%以上]继续养护至28 d,然后进行试压。当无标准养护条件时,可采用自然养护(混合砂浆为正温度、相对湿度为60%~80%的室内;水泥砂浆为正温度并保持试件表面湿润,如湿砂堆中)。

养护期间,试件彼此间隔不得小于10 mm,混合砂浆、湿拌砂浆试件应覆盖,防止有水滴在试件上。

3. 抗压强度测定

(1)试件从养护地点取出后,应尽快进行实验,以免试件内部温、湿度发生显著变化。先将试件表面擦净,测量尺寸(精确至1 mm),并据此计算试件的承压面积。若实测尺寸与公称尺寸之差不超过1 mm,可按公称尺寸进行计算。

(2)将试件置于压力实验机的下压板上，试件的承压面应与成型时的顶面垂直，试件中心应与下压板中心对准。

(3)开动压力实验机，当上压板与试件接近时，调整球座，使接触面均衡受压。加荷应均匀而连续，加荷速度为 0.25 ~ 1.5 kN/s(砂浆强度不大于 5 MPa 时，取下限为宜；大于 5 MPa 时，取上限为宜)。当试件接近破坏而开始迅速变形时，停止调整实验机油门，直至试件破坏，然后记录破坏荷载。

6.4.4　实验结果与评定

按式(6-1)计算砂浆试件的抗压强度(精确至 0.1 MPa)，即

$$f_{m,cu} = N_u / A \qquad\qquad (6-1)$$

式中：$f_{m,cu}$——砂浆试件的抗压强度，MPa；

　　　N_u——试件的破坏荷载，N；

　　　A——试件的承压面积，mm^2。

砂浆试件的抗压强度应精确至 0.1 MPa。

以 3 个试件实验结果的算术平均值的 1.3 倍(f_2)作为该组试件的抗压强度平均值(精确至 0.1 MPa)。

当 3 个试件实验结果的最大值或最小值中有一个与中间值的差值超过中间值的 15% 时，则把最大值及最小值一并舍除，取中间值作为该组试件的抗压强度；当有两个实验结果与中间值的差值均超过中间值的 15% 时，则该组试件的实验结果无效。

按表 6-3 记录实验结果。

表6-3　实验结果记录表

试件尺寸/mm			制作数量		
试件编号	龄期/d	承压面积/mm²	破坏荷载/N	抗压强度/MPa	评定强度/MPa
1					
2					
3					
4					
5					
6					

6.4.5　注意事项与难点分析

本实验的注意事项与难点分析暂无，学生可自行总结。

6.5　砂浆保水率实验(滤纸法)

6.5.1　实验目的与适用范围

本实验旨在用滤纸法测量砂浆的保水率。

6.5.2　主要仪器设备或材料

采用《建筑砂浆基本性能试验方法标准》(JGJ/T 70—2009)第 7.0.1 条规定的保水性实验所用实验仪器和材料。

6.5.3　实验步骤

(1)称量干燥试模质量(m_1)和 n(宜 8~28)片中速定性滤纸质量(m_2)。

(2)将砂浆拌合物一次性装入试模,并用抹刀插捣数次,当装入的砂浆略高于试模边缘时,用抹刀以 45°角一次性将试模表面多余的砂浆刮去,然后用抹刀以较平的角度在试模表面反方向将砂浆刮平,整个过程不得振动砂浆及试模。

(3)抹掉试模边上的砂浆,称量试模、底部不透水片与砂浆总质量(m_3)。

(4)用 0.045 mm 筛网完全覆盖在砂浆表面,筛网应平整,凹凸相差不超过 0.5 mm,再在筛网表面放上 n 片滤纸(以吸水结束后,最上层滤纸未吸到水为准,基准砂浆宜 25 片,受检砂浆宜 8~18 片),用上部不透水片盖在滤纸表面,以 2 kg 的重物将上部不透水片压住。

(5)静止 10 min 后移走重物及上部不透水片,取出滤纸,迅速称量滤纸质量(m_4),按配比及加水量计算含水率。

6.5.4　实验结果与评定

砂浆的保水率按式(6-2)计算,即

$$W = \left[1 - \frac{m_4 - m_2}{\alpha(m_3 - m_1)} \right] \times 100\% \tag{6-2}$$

式中:W——砂浆的保水率,%;

α——砂浆的含水率,按照标准确定的标准稠度砂浆加水量与湿砂浆总量之比,%。

取两次实验结果的算术平均值作为砂浆的保水率(精确至 0.1%)。当两个实验结果之差超过 1.5% 时,则该组实验结果无效。

6.5.5　注意事项与难点分析

本实验的注意事项与难点分析暂无,学生可自行总结。

6.6　砂浆保水率实验(真空抽滤法)

6.6.1　实验目的与适用范围

本实验旨在用真空抽滤法测量砂浆的保水率。

6.6.2　主要仪器设备或材料

(1)布氏漏斗:外径为 150 mm,深 65 mm。

(2)真空抽滤瓶:单接口和双接口各一个,容量 1 000~2 500 mL。

(3)压力计(负压表):负压可达 106.65 kPa(800 mmHg 柱)。

（4）真空泵：负压可达 106.65 kPa（800 mmHg 柱）。

（5）T 形刮板：由厚度为 1 mm 的硬质耐磨材料制成。

（6）天平：量程不小于 2 kg，感量不低于 0.1 g。

（7）其他工器具：油灰刀、刮平刀、抹刀、钢板尺和量筒等。

6.6.3　实验步骤

（1）按布氏漏斗的内径裁剪中速定性滤纸两张，裁剪的滤纸尺寸应小于布氏漏斗的内径且能完全覆盖每个滤孔，将两张滤纸铺在布氏漏斗底部，用水浸湿。

（2）将布氏漏斗放到抽滤瓶上，开动真空泵，抽滤 1 min，取下布氏漏斗，用滤纸将下口残余水擦净后称量（G_1），精确至 0.1 g。

（3）将新拌砂浆放入称量后的布氏漏斗内，轻轻晃动，也可用手拍打，使砂浆在布氏漏斗中流平，用 T 形刮板在漏斗中垂直旋转刮平，使料浆厚度保持在（10±0.5）mm 范围内。擦净布氏漏斗内壁上的残余新拌砂浆，称量装有新拌砂浆的布氏漏斗（G_2），精确至 0.1 g。

（4）将称量后的布氏漏斗放到抽滤瓶上，开动真空泵。在 30s 之内将负压调至（53.33±0.67）kPa［（400±5）mmHg 柱］。抽滤 20 min，然后取下布氏漏斗，用滤纸将下口残余水擦净，称量（G_3），精确至 0.1 g。

6.6.4　实验结果与评定

按式（6-3）计算砂浆的保水率 R，即

$$R = \left[1 - \frac{G_2 - G_3}{\alpha \times (G_2 - G_1)}\right] \times 100\% \tag{6-3}$$

式中：R——砂浆的保水率，%；

　　　α——砂浆的含水率，按照标准确定的标准稠度砂浆加水量与湿砂浆总量之比，%。

若连续两次实验测得的保水率与其平均值的差不大于 3%，取该平均值作为试样的保水率（精确至 0.1%），否则应重做实验。

6.6.5　注意事项与难点分析

本实验的注意事项与难点分析暂无，学生可自行总结。

6.7　砂浆抗裂性能实验

6.7.1　实验目的与适用范围

本方法的原理是通过提高实验砂浆的表面温度、加快空气流动速度，使砂浆水分蒸发加快，产生一定的收缩应力，促使砂浆在塑性和硬化条件下出现一定的裂缝。计算砂浆的开裂指数，以砂浆的开裂指数反映砂浆的抗裂性能。

6.7.2　主要仪器设备或材料

（1）砂浆搅拌机（本实验中以下简称为搅拌机）：水泥实验用胶砂搅拌机。

(2)风扇：风速为 4~5 m/s。

(3)碘钨灯：1 000 W。

(4)钢卷尺：长 5 m，量程 5 000 mm，分度值 1 mm。

(5)塞尺：量程 4.07 mm，分度值 0.01 mm。

(6)实验室条件：温度为(23±5) ℃，相对湿度不超过 65%。

6.7.3　实验步骤

1. 水泥砂浆基板

采用振捣方式成型尺寸为 600 mm×600 mm×20 mm 的水泥砂浆板。砂浆试件成型之后在标准实验条件下放置 24 h 后拆模，在(23±5) ℃、相对湿度 90% 以上的条件下养护 7 d。

2. 试件制作

用水泥基泡沫保温板专用黏结砂浆将 4 块 300 mm×300 mm、符合《水泥基泡沫保温板》JC/T 2200—2013 中Ⅱ型的水泥基泡沫保温板黏结在已制作好的边长 600 mm 的方形砂浆板上，以备 24 h 后使用。

3. 具体实验过程

(1)按《水泥砂浆抗裂性能试验方法》JC/T 951—2005 的图 2 布置试件、风扇和碘钨灯，在已制作好的黏结在砂浆基板上的 4 块 300 mm×300 mm 水泥基泡沫保温板表面抹 3 mm 厚的抹面砂浆。抹面砂浆抹平后，立即开启风扇吹向试件表面，风扇位于距试件边 150 mm 处，风叶中心与试件表面平行，试件横向中心线的风速为 4~5 m/s。同时开启 1 000 W 碘钨灯，碘钨灯位于试件横向中心线的上方 1.2 m、距试件边 150 mm 处，连续光照 4 h 后关闭碘钨灯，并记录开启、关闭的时间。

(2)风扇连续吹 72 h 后，观察表面开裂情况，用塞尺分段测量裂缝宽度 d，按裂缝宽度分级测量裂缝长度 l，用棉纱线沿着裂缝的走向取得相应的长度，以钢卷尺测量 l(mm)，裂缝测量过程中应为同一人操作。

(3)记录实验开始和结束的实验室温、湿度条件。

6.7.4　实验结果与评定

(1)以约束区内的裂缝作为本次实验的评定依据。根据裂缝宽度把裂缝分为五级，每一级对应一个权重值(见表6-4)，将每一条裂缝的长度乘以其相对应的权重值，再相加起来所得到的总和称为开裂指数 W，以此表示水泥砂浆的开裂程度。

表 6-4　裂缝宽度与权重值的对应关系

裂缝宽度 d/mm	权重值 A
$d \geqslant 3$	3
$2 \leqslant d < 3$	2
$1 \leqslant d < 2$	1
$0.5 \leqslant d < 1$	0.5
$d < 0.5$	0.25

（2）开裂指数 W 按式（6-4）计算，即

$$W = \sum (A_i l_i) \tag{6-4}$$

式中：W——开裂指数，mm；

A_i——权重值；

l_i——裂缝长度，mm。

（3）以两个试件实验结果的算术平均值作为该组试件的开裂指数，精确至 1 mm。

（4）抗开裂性能比 γ 按式（6-5）计算（精确至1%），即

$$\gamma = \frac{W_0 - W_1}{W_0} \times 100\% \tag{6-5}$$

式中：γ——抗开裂性能比，正值表示提高，负值表示降低，%；

W_1——需要检测的掺入水泥砂浆中外掺材料的开裂指数平均值，mm；

W_0——基准砂浆的开裂指数平均值，mm。

6.7.5　注意事项与难点分析

本实验的注意事项与难点分析暂无，学生可自行总结。

6.8　砂浆拉伸黏结强度实验

6.8.1　实验目的与适用范围

本方法适用于测定砂浆的拉伸黏结强度。

6.8.2　主要仪器设备或材料

标准实验条件为温度（23±2）℃，相对湿度45%～75%。

（1）拉力实验机（本实验中以下简称为实验机）：破坏荷载应在其量程的20%～80%范围内，精度为1%，最小示值为 1 N。

（2）拉伸专用夹具（本实验中以下简称为夹具）。

（3）成型框：外框尺寸70 mm×70 mm，内框尺寸40 mm×40 mm，厚度为6 mm，材料为硬聚氯乙烯或金属。

（4）钢制垫板：外框尺寸70 mm×70 mm，内框尺寸43 mm×43 mm，厚度为3 mm。

6.8.3　实验步骤

1. 基底水泥砂浆试件的制备

（1）原材料：水泥符合《通用硅酸盐水泥》（GB 175—2007）的42.5级水泥标准；砂符合《普通混凝土用砂、石质量及检验方法标准》（JGJ 52—2006）的中砂标准；水符合《混凝土用水标准》（JGJ 63—2006）的用水标准。

（2）配合比：水泥∶砂∶水=1∶3∶0.5（质量比）。

（3）成型：按上述配合比制成的水泥砂浆倒入 70 mm×70 mm×20 mm 的硬聚氯乙烯或金属模具中，振动台振实或人工捣实，试模内壁事先宜涂刷水性脱模剂，待干、备用。

（4）成型 24 h 后脱模，放入（23±2）℃水中养护 6 d，再在实验条件下放置 21 d 以上。实验前用 200 号砂纸或磨石将水泥砂浆试件的成型面磨平，备用。

2. 砂浆料浆的制备

（1）干混砂浆料浆的制备：

①待检样品应在实验条件下放置 24 h 以上；

②称取不少于 10 kg 的待检样品，按产品制造商提供比例进行水的称量，若给出一个值域范围，则采用平均值；

③将待检样品放入砂浆搅拌机中，启动机器，徐徐加入规定量的水，搅拌 3 ~ 5 min。搅拌好的料浆应在 2 h 内用完。

（2）湿拌砂浆料浆的制备：

①待检样品应在实验条件下放置 24 h 以上；

②按产品制造商提供比例进行物料的称量，干物料总量不少于 10 kg；

③将称好的物料放入砂浆搅拌机中，启动机器，徐徐加入规定量的水，搅拌 3 ~ 5 min。搅拌好的料浆应在规定时间内用完。

（3）现拌砂浆料浆的制备：

①待检样品应在实验条件下放置 24h 以上；

②按设计要求的配合比进行物料的称量，干物料总量不少于 10 kg；

③将称好的物料放入砂浆搅拌机中，启动机器，徐徐加入规定量的水，搅拌 3 ~ 5 min。搅拌好的料浆应在 2 h 内用完。

3. 拉伸黏结强度试件的制备

将成型框放在制备好的水泥砂浆试块的成型面上，将制备好的干混砂浆料浆或直接从现场取来的湿拌砂浆试样倒入成型框中，用捣棒均匀插捣 15 次，人工颠实 5 次，然后转 90°，再颠实 5 次，用刮刀以 45°方向抹平砂浆表面，轻轻脱模，在温度（23±2）℃、相对湿度 60% ~ 80% 的环境中养护至规定龄期。每一砂浆试样至少应制备 10 个试件。

4. 具体实验过程

（1）将试件在标准实验条件下养护 13 d，在试件表面涂上环氧树脂等高强度胶粘剂，然后将上夹具对正位置放在胶粘剂上，并确保上夹具不歪斜，继续养护 24 h。

（2）测定拉伸黏结强度。

（3）将钢制垫板套在基底砂浆块上，将拉伸黏结强度用夹具安装到实验机上，试件置于夹具中，夹具与实验机的连接宜采用球铰活动连接，以（5±1） mm/min 的速度加荷至试件破坏。实验时破坏面若在检验砂浆内部，则认为该值有效，并记录试件破坏时的荷载值。若破坏形式为夹具与胶粘剂破坏，则实验结果无效。

6.8.4　实验结果与评定

拉伸黏结强度应按式（6-6）计算，即

$$f_{at} = \frac{F}{A_z} \tag{6-6}$$

式中：f_{at}——砂浆的拉伸黏结强度，MPa；

$\quad\quad F$——试件的破坏荷载，N；

$\quad\quad A_z$——黏结面积，mm^2。

单个试件的拉伸黏结强度值应精确至 0.001 MPa，计算 10 个试件的平均值，如单个试件的强度值与平均值之差大于 20%，则逐次舍弃偏差最大的实验值，直至各实验值与平均值之差不超过 20%。当 10 个试件中有效数据不少于 6 个时，取剩余数据的平均值为实验结果，结果精确至 0.01 MPa。当 10 个试件中有效数据不足 6 个时，则此组实验结果无效，应重新制备试件进行实验。

有特殊条件要求的拉伸黏结强度，按要求条件处理后，重复上述实验。

6.8.5 注意事项与难点分析

本实验的注意事项与难点分析暂无，学生可自行总结。

第 7 章

沥青实验

7.1 沥青针入度实验

7.1.1 实验目的与适用范围

沥青针入度是在规定温度(25 ℃)和规定时间(5 s)内,附加一定重量的标准针(100 g)垂直贯入沥青试样中的深度,以 0.10 mm 表示。用它来表征沥青材料的黏滞性大小,并作为控制施工质量的依据。本方法适用于测定针入度小于 350 的石油沥青的针入度。特定实验条件可采用表 7-1 的规定。

表 7-1 沥青的针入度特定实验条件

温度/℃	荷重/g	时间/s
0	200±0.05	60
4	200±0.05	60
46	50±0.05	5

7.1.2 主要仪器设备或材料

(1)针入度仪:凡允许针连杆在无明显摩擦下垂直运动,并且能指示穿入深度精确至 0.1 mm 的仪器均可应用,如图 7-1 所示。针连杆质量应为(47.5±0.05) g,针和针连杆组合件的总质量应为(50±0.05) g。针入度仪附带(50±0.05) g 和(100±0.05) g 砝码各 1 个。仪器设有放置平底玻璃皿的平台,并有可调水平的机构,针连杆应与平台相垂直。仪器设有针连杆制动按钮,紧压按钮可自由下落,针连杆易于卸下,以便检查其质量。

(2)标准针:应由硬化回火的不锈钢制成,针长约 50 mm、直径为 1.00 ~ 1.02 mm,其一端磨成锥形,并装在一个黄铜或不锈钢的金属箍中,针露在外面的长度为 40 ~ 45 mm,针箍及附加总重为(2.50±0.05) g。

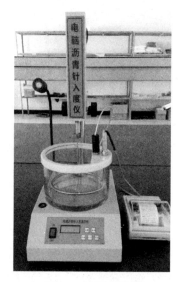

图 7-1 针入度仪

(3)试样皿：金属圆柱形平底容器。针入度小于 200 时，试样皿内径为 55 mm，内部深度为 35 mm；针入度在 200~350 时，试样皿内径为 55 mm，内部深度为 70 mm；针入度在 350~500 时，试样皿内径为 50 mm，内部深度为 60 mm。

(4)恒温水浴：容量不小于 10 L，能保持温度在实验温度的±0.1 ℃范围内。

(5)温度计：为液体玻璃温度计，刻度范围为 0~50 ℃，分度为 0.1 ℃。

(6)平底玻璃皿(容量不小于 350 mL，内设一个不锈钢三角支架，以保证试样皿稳定)、秒表、砂浴或可控温度的密闭电炉。

7.1.3 实验步骤

(1)将预先除去水分的沥青试样在砂浴或密闭电炉上小心加热，不断搅拌。加热时焦油沥青的加热温度不得超过估计软化点的 60 ℃，石油沥青不超过软化点的 90 ℃。加热时间不得超过 30 min，用筛过滤除去杂质。加热、搅拌过程中避免试样中进入气泡。

(2)将试样倒入预先选好的两个试样皿中(一个备用)，试样深度应大于预计穿入深度 10 mm。

(3)试样皿防灰尘落入。在 15~30 ℃的室温下冷却 1~1.5 h(小试样皿)或 1.5~2.0 h(大试样皿)。然后，将试样皿和平底玻璃皿移入保持规定实验温度的恒温水浴中，水面没过试样表面 10 mm 以上。小试样皿恒温 1~1.5 h，大试样皿恒温 1.5~2.0 h。

(4)调节针入度仪的水平程度，检查针连杆和导轨，无明显摩擦。将擦干净的针插入针连杆中固定，放好规定质量的砝码。

(5)取出恒温至实验温度的试样皿和平底玻璃皿，放置在针入度仪的平台上。慢慢放下针连杆，使针尖刚刚接触试样的表面。必要时用放置在合适位置的光源反射进行观察。拉下活杆，使其与针连杆顶端相接触，调节针入度仪的表盘读数为 0。

(6)用手紧压按钮，同时启动秒表，使标准针自由下落穿入沥青试样，到规定时间停压按钮，使标准针停止移动。

(7)拉下活杆,再使其与针连杆顶端相接触,表盘指针的读数即为试样的针入度。

(8)同一试样应重复测定3次,每一个实验点的距离和实验点与试样皿边缘的距离应不小于10 mm。每次测定前应将平底玻璃皿放入恒温水浴。每次测定应换一根干净的针或取下针用甲苯或其他溶剂擦干净,再用干布擦干。当针入度大于200时,至少应用3根针,每次测定后将针留在试样中,直至3次测定完毕后,才能把针从试样中取出。

7.1.4 实验结果与评定

取3次测定针入度的平均值(取整数)作为实验结果。3次测定的针入度相差不应大于表7-2中的数值,否则应重新进行实验。按表7-3记录实验结果。

表7-2 针入度测定允许最大差值

针入度	0 ~ 49	50 ~ 149	150 ~ 249	250 ~ 350
最大差值	2	4	6	10

表7-3 实验结果记录表

实验次数	实验温度 $T/℃$	实验荷载 m/g	经历时间 t/s	针入度 P_1	针入度平均值 $P_均$	实验精度校核
1						
2						
3						

7.1.5 注意事项与难点分析

本实验的注意事项与难点分析暂无,学生可自行总结。

7.2 沥青软化点实验

7.2.1 实验目的与适用范围

本方法适用于测定道路石油沥青、煤沥青的软化点,也适用于测定液体石油沥青经蒸馏或乳化沥青被乳化蒸发后残留物软化点。

将规定质量的钢球放在内盛规定尺寸金属环的试样盘上,以恒定的加热速度加热此组件,当试样软到足以使被包在沥青中的钢球下落达25 mm时的温度,即为石油沥青的软化点,以温度(℃)表示。

7.2.2 主要仪器设备或材料

(1)软化点测定仪(见图7-2)。

(2)水银温度计。

(3)电炉及其他加热器、金属板或玻璃板、筛(筛孔为0.3 ~ 0.5 mm的金属网)、小刀、甘油-滑石粉隔离剂(以质量计甘油2份、滑石粉1份)、新煮沸过的蒸馏水。

图7-2 软化点测定仪

7.2.3 实验步骤

(1)将黄铜环置于涂有隔离剂的金属板或玻璃板上。

(2)将预先脱水的试样加热熔化,不断搅拌,以防止局部过热,加热温度不得高于试样估计软化点100℃,加热时间不超过30 min。用筛过滤。将试样注入黄铜环内至略高出环面。若估计软化点在120℃以上,应将黄铜环与金属板预热至80~100℃。

(3)试样在15~30℃的空气中冷却30 min后,用热刀刮去高出环面的试样,使其与环面齐平。

(4)估计软化点不高于80℃的试样,将盛有试样的黄铜环及板置于盛满水的保温槽内,水温保持在(5±0.5)℃,恒温5 min。估计软化点高于80℃的试样,将盛有试样的黄铜环及板置于盛满甘油的保温槽内,甘油温度保持在(32±1)℃,恒温5 min,或将盛有试样的黄铜环水平安放在环架中承板的孔内。然后,放在盛有水或甘油的烧杯中,恒温5 min,温度要求同保温槽。

(5)烧杯内注入新煮沸并冷却至5℃的蒸馏水(估计软化点不高于80℃的试样),或注入预先加热至约32℃的甘油(估计软化点高于80℃的试样),使水面或甘油面略低于环架连杆上的深度标记。

(6)从保温槽中取出盛有试样的黄铜环,放置在环架中承板的圆孔中,并套上钢球定位器,把整个环架放入烧杯内,调整水面或甘油液面至深度标记,环架上任何部分均不得有气泡。将温度计由上承板中心孔垂直插入,使水银球与铜环下面齐平。

(7)将烧杯放在有石棉网的电炉上,然后将钢球放在试样上(需使各环的平面在全部加热时间内完全处于水平状态)立即加热,使烧杯内水或甘油温度的上升速度保持每分钟上升(5±0.5)℃,在整个测定中如温度的上升速度超出此范围,则实验应重做。

(8)试样受热软化下坠至与下承板面接触时的温度,即为试样的软化点。

7.2.4　实验结果与评定

取平行测定的两个实验结果的算术平均值作为测定结果。平行测定的两个实验结果的差值不得大于表 7-4 中的数值。按表 7-5 记录实验结果。

表 7-4　软化点测定允许差数　　　　　　　　　　℃

软化点	允许差数
<80	1
80～100	2
100～140	3

表 7-5　实验结果记录表

实验次数	开始加热时介质温度/℃	软化点/℃		软化点平均值/℃
		1	2	
1				
2				

7.2.5　注意事项与难点分析

本实验的注意事项与难点分析暂无,学生可自行总结。

7.3　沥青延度实验

7.3.1　实验目的与适用范围

沥青延度是规定形状(∞ 形)的试件在规定温度(25 ℃)条件下,以规定拉伸速度(5 cm/min)拉至断开时的长度(cm)。本方法适用于测定道路石油沥青的延度。

7.3.2　主要仪器设备或材料

(1)延度仪(见图 7-3):凡能将试件浸没于水中,按照(5±0.5) cm/min 速度拉伸试件的仪器均可使用。该仪器在开动时应无明显的振动。

(2)试件模具:由试模底板、两个端模和两个侧模组成,延度试模可以从试模底板下取下。

(3)水浴:容量至少为 10 L,能保持实验温度变化不大于 0.1 ℃的玻璃或金属器皿。试件浸入水中深度不得小于 10 cm,水浴中应设置带孔搁架,搁架距底部不得小于 5 cm。

(4)温度计:0～50 ℃,分度 0.1 ℃和 0.5 ℃各 1 支。

(5)瓷皿或金属皿(熔沥青用)、筛(筛孔为 0.3～0.5 mm 的金属网)、砂浴或可控制温度的密闭电炉、金属板、甘油-滑石粉隔离剂(按质量计甘油 2 份、滑石粉 1 份)等。

图 7-3　延度仪及试件模具

7.3.3　实验步骤

(1)将甘油与滑石粉(2∶1)拌和均匀，涂于磨光的金属板上和铜模侧模的内表面，将模具组装在金属板上。

(2)将除去水分的试样在砂浴上小心加热熔化并防止局部过热，用筛过滤，充分搅拌消除气泡，然后将试样呈细流状，自模的一端至另一端往返倒入，使试样略高出模具。

(3)试件在 15～30 ℃的空气中冷却 30 min，然后放入(25±1)℃的水浴中，保持 30 min 后取出，用热刀自模的中间刮向两边，使沥青面与模面齐平，表面应刮得十分光滑。将试件和金属板再放入(25±0.1)℃的水浴中 1～1.5 h。

(4)检查延度仪的拉伸速度是否符合要求，移动滑板使指针正对着标尺的零点。保持水槽中水温为(25±0.5)℃。

(5)将试件移到延度仪的水槽中，将模具两端的孔分别套在滑板及槽端的金属柱上，水面距试件表面应不小于 25 mm，然后去掉侧模。

(6)开动延度仪，观察沥青的拉伸情况。在测定时，如发现沥青细丝浮于水面或沉入槽底，则应在水中加入乙醇或食盐水调整水的密度至与试件的密度相近后，再进行测定。

(7)试件拉断时，指针所指标尺上的读数，即为试件的延度(cm)。在正常情况下，试件被拉伸成锥尖状，在断裂时实际横断面面积为 0。如不能得到上述结果，则在此条件下无测定结果。

7.3.4　实验结果与评定

取平行测定的 3 个实验结果的平均值作为测定结果。若 3 次实验结果不在距其平均值

5%的范围以内，但其中两个实验结果的较高值在距平均值5%的范围之内，则剔除实验结果的最低值，取两个较高值的平均值作为测定结果。按表7-6记录实验结果。

表 7-6　实验结果记录表

实验温度 $T/℃$	延伸速度 $v/$ $(mm \cdot min^{-1})$	延伸值/cm				精度校核
		试件 1	试件 2	试件 3	平均值	

7.3.5　注意事项与难点分析

本实验的注意事项与难点分析暂无，学生可自行总结。

第 8 章

沥青混合料实验

8.1 马歇尔试件制作

8.1.1 实验目的与适用范围

首先了解一下沥青混合料实验的基础知识和原理。

1. 沥青混合料

沥青混合料是指经人工合理选择矿质混合料(包括粗集料、细集料和填料)与适量沥青结合料(包括沥青类材料及添加的外掺剂或改性剂等)拌和而成的高级路面材料。

热拌沥青混合料通常是指将沥青加热至 150 ~ 170 ℃，矿质集料加热至 160 ~ 180 ℃，在热态下拌和，并在热态下进行摊铺、压实的混合料，通称热拌热铺沥青混合料，简称热拌沥青混合料。热拌沥青混合料是沥青混合料中最典型的品种。

2. 高温稳定性

沥青混合料的高温稳定性习惯上是指沥青混合料在高温条件下，经行车荷载反复作用后，不产生车辙和波浪等病害的性能。对于沥青混合料高温稳定性的评价，我国现行规范采用的是马歇尔稳定度实验法和车辙实验法。马歇尔稳定度实验法中所用的设备简单、操作简单，故被世界上许多国家所采用，也是目前我国评价沥青混合料高温稳定性的主要实验之一。

3. 马歇尔稳定度实验

马歇尔稳定度实验用于测定沥青混合料试件的破坏荷载和抗变形能力，具体做法是将沥青混合料制成直径为 101.6 mm、高度为 63.5 mm 的圆柱体试件，在高温(60 ℃)的条件下，保温 30 ~ 40 min，然后将试件放置于马歇尔稳定仪上，以(50±5) min 的形变速度加荷，直到试件破坏，同时测定稳定度(MS)、流值(FL)、马歇尔模数(T)等技术指标。

稳定度是在规定的加载速率条件下，试件破坏前所能承受的最大荷载(kN)；流值是达到最大破坏荷载时试件垂直变形(以 0.1 mm 计)；而马歇尔模数为稳定度除以流值的商，按

式(8-1)计算,即

$$T = \frac{MS \times 10}{FL} \qquad (8-1)$$

式中:T——马歇尔模数,kN/mm;

　　MS——稳定度,kN;

　　FL——流值,0.1 mm。

马歇尔稳定度越大、流值越小,说明高温稳定性越高。

本实验的目的在于制作沥青混合料马歇尔稳定度实验所使用的试件。

8.1.2 主要仪器设备或材料

(1)浸水天平或电子秤:组成部件有网篮、溢流水箱。当最大称量在3 kg以下时,感量不大于0.1 g;最大称量在3 kg以上时,感量不大于0.5 g;最大称量在10 kg以上时,感量不大于5 g。

(2)试件悬吊装置:天平下方悬吊网篮及试件的装置,吊线应采用不吸水且有足够长度的细尼龙线绳。对轮碾成型机成型的板块状试件可用铁丝悬挂。

(3)沥青混合料恒温拌和机(本实验中以下简称为拌和机):拌和机用于拌制沥青混合料,容量不小于10 L,能保证拌和温度恒定、拌和均匀,可控制拌和时间。

(4)矿料加热烘箱(本实验中以下简称为烘箱):烘箱主要用于矿料拌和前的加热,装有温度调节器。

(5)击实设备:击实设备用于制取沥青混合料试件,包括标准击实台和击实锤,击实锤重(4 536±9) g,能够从(475.2±1.5) mm的高度沿导棒自由落下击实。

(6)脱模设备:脱模设备有电动或手动两种,可无破损地推出圆柱体试件,备有尺寸要求的推出环。

(7)抗压圆柱体试模(本实验中以下简称为试模):试模一般为3组,每组包括内径为100.6 mm和高度为87 mm的圆钢筒、套环和底板各一个。

(8)软毛刷和秒表。

8.1.3 实验步骤

1. 试件制作

(1)烘干试样:将各种规格的矿料置于(105±5) ℃的烘箱中烘干至恒重(时间一般不少于4 h)。根据需要,粗集料可先用水冲洗后烘干备用,也可将粗集料过筛后用水冲洗再烘干备用。

(2)调节水温:将恒温水浴调节至(60±1) ℃。

(3)加热试模:用沾有少许黄油的棉纱擦净试模、套筒及击实座等,置于100 ℃左右烘箱中加热1 h备用。常温沥青混合料试模不加热。

(4)矿料称量:将烘干分级的粗细矿质集料,按每个试件设计级配成分要求称其质量,在一金属盘中混合均匀。矿粉单独加热,置烘箱中预热至沥青拌和温度以上约15 ℃(石油沥青通常为163 ℃)备用。一般按一组试件(每组3~6个)备料,但进行配合比设计时宜一个一个地分别备料。采用替代法时,对粗集料中粒径大于26.5 mm(圆孔筛30 mm)部分,以

13.2～26.5 mm(圆孔筛 15～30 mm)粗集料等量代替。常温下沥青混合料的矿料不加热。

(5)沥青称量:称量已达到规定温度的沥青。

(6)测定原材料技术指标:分别测定不同粒径粗、细集料及填料(矿粉)的视密度和沥青的密度。按照规定方法测定试件的密度、孔隙率、沥青体积百分率、沥青饱和度、矿料间隙率等物理指标。

(7)材料拌和:加入粗细集料和液体沥青。

采用黏稠石油沥青或煤沥青时,将每个试件预热的粗、细集料置于拌和机中,用小铲子适当混合,然后加入需要数量的已加热至拌和温度的沥青(如沥青已称量且置于一专用容器内时,可在倒掉沥青后用一部分热矿粉将沾在容器壁上的沥青擦拭干净,一起倒入拌和锅中),开动拌和机拌和 1～1.5 min,然后暂停拌和,继续拌和至均匀为止,并使沥青混合料保持在要求的拌和温度范围内。标准的总拌和时间为 3 min。

采用液体石油沥青时,将每组(或每个)试件的矿料置于已加热至 55～100 ℃的拌和机中,注入要求数量的液体沥青,将沥青混合料边加热边拌和,直到根据预先计算液体沥青中的溶剂挥发至 50%后为止。拌和时间应预先决定。

(8)试件成型:马歇尔标准击实的成型方法,按以下步骤进行。

①取出拌好试样:从拌和锅中取出已拌好的试样。当一次拌和几个试件时,宜将其倒入经预热的金属盘中,用小铲适当拌和均匀分成几份,分别取用。

②称出试件用量:将拌好的沥青混合料,均匀称取一个试件所需的用量(约 1 200 g)。

③试模涂隔离剂:从烘箱中取出预热的试模及套筒,用沾有少许黄油的棉纱擦试套筒、底座及击实锤底面,将试模装在底座上(也可垫一张圆形的吸油性小的纸)。

④沥青混合料装模:按四分法从 4 个方向用小铲将沥青混合料铲入试模中。

⑤插捣沥青混合料:用插刀或大螺丝沿周边插捣 15 次,中间插捣 10 次。插捣后将沥青混合料表面整成凸圆弧面。插入温度计,至沥青混合料中心附近,检查沥青混合料温度。

⑥于击实仪上锤击制件:待沥青混合料温度符号要求的压实温度后,将试模边同底座一起放在击实仪上固定;也可在装好的沥青混合料上垫一张吸油性小的圆纸,再将装有击实锤及导向棒的压实头插入试模中,然后开启电动机或人工将击实锤从 457 mm 的高度自由落下击实规定的次数(75、50 或 35 次)。

⑦反转再锤击试件:试件击实一面后,取下套筒,将试模调头,装上套筒,然后以同样的方法和次数击实另一面。

乳化沥青混合料试件在两面击实后,将一组试件在室温下横向放置 24 h;另一组试件置(105±5)℃烘箱中养生 24 h。将养生试件取出后再立即两面锤击各 25 次。

⑧试件脱模:卸去套筒和底座,将装有试件的试模横向放置冷却至室温后,置脱模机上脱出试件。用于现场马歇尔指标检验的试件,在施工质量检验过程中如急需实验,允许采用电风扇吹冷 1 h 或浸水冷却(通常不少于 3 min)的方法冷却脱模(但浸水脱模法不能测得密度、孔隙率等各项物理指标)。

⑨试件静置一天:将试件仔细置于干燥洁净的平面上,在室温下静置过夜(12 h),供实验用。

⑩量取试件尺寸:试件击实结束后,如果下面垫有圆纸,应立即用镊子取掉,用卡尺量取试件离试模上口的高度并由此计算试件高度。如高度不符合要求时,试件应作废,并按式

（8-2）调整试件的沥青混合料数量，以保证试件高度符合(63.5±1.3) mm 的要求，即

调整后沥青混合料用量=63.5×原用沥青混合料量/所得试件高度　　（8-2）

2. 密度测定

（1）水中称重法：

①天平称量：除去试件表面的浮粒，称取干燥试件的空气中质量 m_a，精度根据选择天平的感量读数，精确至 0.1 g、0.5 g 或 5 g。

②水中称量：把试件置于金属网篮，再把溢流水箱放在静水天平上，将装有试件的金属网篮浸入溢流水箱中，浸水约 1 min，调整溢流水箱的水位，称取水中质量 m_w，若天平读数继续变化，不能在数秒钟内达到稳定，说明试件吸水严重，不能用此方法测定。

（2）蜡封法：

①试件称量：称取干燥试件在空气中的质量 m_a，精度根据选择天平的感量决定，精确至 0.1 g、0.5 g 或 5 g。

②冰箱养护：将试件置于 4~5 ℃的冰箱中，养护时间不少于 30 min。

③试件蜡封称量：将石蜡融化至其熔点以上(55±0.5) ℃。从冰箱中取出试件立即浸入石蜡液中，至全部表面为石蜡封住，取出试件，在常温下放置 30 min，称取封蜡试件的空气中质量 m_p。

④浸水称量：将试件置于金属网篮，浸入溢流水箱中，调节水箱，浸水约 1 min，读取水中质量 m_c。

8.1.4　实验结果与评定

本实验无实验结果与评定。

8.1.5　注意事项与难点分析

本实验的注意事项与难点分析暂无，学生可自行总结。

8.2　沥青混合料马歇尔稳定度实验

8.2.1　实验目的与适用范围

马歇尔稳定度实验是对标准击实试件在规定的温度和速度等条件下受压、沥青混合料的稳定度和流值等指标所进行的实验。

本实验适用标准马歇尔稳定度实验和浸水马歇尔稳定度实验，标准马歇尔稳定度实验主要用于沥青混合料的配合比设计及沥青路面施工质量检测。浸水马歇尔稳定度实验主要是检测沥青混合料受水侵害时抵抗剥落的能力。通过测定其水稳定性检验配合比设计的可能性。

8.2.2　主要仪器设备或材料

（1）沥青混合料拌和机(本实验中以下简称为拌和机)：实验室用，容量不小于 10 L。能保证拌和温度和充分拌和均匀，可控制拌和时间。

（2）击实设备：包括标准击实台和击实锤，击实锤质量为（4 536±9）g，能够从（475.2±1.5）mm 的高度沿导棒自由落下击实。

（3）脱模设备：电动或手动，可无破损地推出圆柱体试件，要求备有要求尺寸的推出环。

（4）沥青混合料马歇尔实验仪（本实验中以下简称为马歇尔实验仪）：符合技术要求的产品，也可采用带数字显示或用 X—Y 记录荷载的自动马歇尔实验仪。实验仪最大荷载不小于 25 kN，测定精度为 100 N，加载速率能保（50±5）mm/min，有测定荷载与试件变形的荷载测定装置（压力环或压力传感器）、流值计（或位移计），钢球直径为 16 mm，上下压头曲度半径为 50.8 mm。

（5）恒温水浴：能保持水温于恒定温度±1 ℃的恒温水浴，深度不小于 150 mm。

（6）烘箱、天平、温度计、卡尺、棉纱、黄油等。

8.2.3　实验步骤

1. 准备工作

（1）按照实验 8.1 中马歇尔试件的制作方法，制作马歇尔试件，尺寸应当符合 ϕ（101.6±0.25）mm×（63.5±1.3）mm 的要求。

（2）测量试件的直径及高度：用卡尺测量试件中部的直径，在十字对称的 4 个方向测量距试件边缘 10 mm 处的高度，精确至 0.1 mm，以其平均值作为试件的高度。如试件不符合（63.5±1.3）mm 高度要求或两侧高度差大于 2 mm 时，此试件应作废。

2. 马歇尔稳定度和流值测定

（1）试件保温：将制好的试件在室温下静置 12 h 后，放入（60±1）℃的恒温水浴保温 30~40 min，试件应垫起，离容器底部不小于 5 cm。

（2）压头加热、试件置于压头中：将上下压头从水槽或烘箱中取出擦干净内面。为使上下压头滑动自如，可在下压头导棒上涂少量黄油。再将试件置于下压头上，盖上上压头，装在加荷设备上。

（3）将马歇尔实验仪上下压头放在水槽或烘箱中，使其达到与试件相同的温度。

（4）试件装机：在上压头的球座上放妥钢球，并对准荷载测定装置（应力环或压力传感器）的压头。调整应力环中百分表对准 0（或将压力传感器的读数复位为 0）。

（5）调整读数：将流值计安装在导棒上，使导向管轻轻接触上压头，同时将流值计读数调零。

（6）试件加荷：启动加载设备，使试件承受荷载，加载速度为（50±5）mm/min。

（7）读取读数：当应力环荷载达到最大值的瞬间，取下流值计，同时读取应力环中百分表（或压力传感器读数）及流值计读数。

（8）试件加载破坏后立即读取读数。如为应力环测变形时，则将百分表读数根据应力环标定曲线换算为荷载值即为稳定度，流值计读数即为试件的流值，以 0.1 mm 计。

（9）注意：从恒温水浴中取出试件至测出最大荷载值的时间，不应超过 30 s。

8.2.4　实验结果与评定

按表 8-1 记录实验结果。

表 8-1　实验结果记录表

试样编号				试样来源		实验室配制		
试样名称		AC-20I 沥青混凝土		试样用途		沥青混凝土路面		
试件编号	沥青用量/%	试件密度/(g·cm⁻³)		稳定度/kN			流值	备注
		实际	理论	百分表读数	折算稳定度	平均值	个别　平均	
1								
2								
3								
4								
5								
6								

8.2.5　注意事项与难点分析

(1)准确测量试件的高度，不符合要求时，应在制作试件过程中根据试件实际高度调整混合料的用量，制成符合要求的试件。

(2)马歇尔实验前应测定试件的密度、孔隙率、沥青体积百分率、沥青饱和度、矿料间隙率等物理指标。

(3)试件在(60±1) ℃的恒温水浴中保温 30～40 min 后测定稳定度和流值。

(4)按照马歇尔稳定度和流值的测定结果，找出它们符合技术规范要求的沥青用量区间，然后确定出各项指标完全符合要求的沥青用量区间，再取其中间值即为最佳沥青用量。

第9章

钢筋实验

9.1 钢筋拉伸实验

9.1.1 实验目的与适用范围

1. 实验目的

钢筋拉伸实验是测定钢筋在拉伸过程中应力和应变之间的关系曲线，以及屈服强度、抗拉强度和断后伸长率3个重要指标，来评定钢筋的质量。

2. 国家标准

本实验依据的国家标准如下：

(1)《金属材料　拉伸实验　第1部分：室温实验方法》(GB/T 228.1—2021)；

(2)《钢筋混凝土用钢　第1部分：热轧光圆钢筋》(GB 1499.1—2017)；

(3)《钢筋混凝土用钢　第2部分：热轧带肋钢筋》(GB 1499.2—2018)；

(4)《型钢验收、包装、标志及质量证明书的一般规定》(GB/T 2101—2017)；

(5)《钢及钢产品　交货一般技术要求》(GB/T 17505—2016)。

3. 一般规定

(1)同一截面尺寸和同一炉罐号组成的钢筋分批验收时，每批质量不大于60 t。

(2)钢筋应有出厂证明书或实验报告单。验收时应抽样做力学性能实验，包括拉伸实验和冷弯实验。两个项目中如有一个项目不合格，该批钢筋即为不合格品。

(3)钢筋在使用中如有脆断、焊接性能不良或力学性能显著不正常时，还应进行化学成分分析，或其他专项实验。

(4)取样方法和结果评定规定，自每批钢筋中任意抽取两根，于每根距端部50 mm处各取一套试样(两根试件)。在每套试样中取一根做拉伸实验，另一根做冷弯实验。在拉伸实验的两根试件中，如其中一根试件的屈服点、抗拉强度和断后伸长率 3 个指标中有一个指标达不到标准中规定的数值，应再抽取双倍(4 根)钢筋，制取双倍(4 根)试件重做实验，如仍有一根试件的一个指标达不到标准要求，则无论这个指标在第一次实验中是否达到标准要求，拉伸实验项目均为不合格。

(5)实验应在(20±10)℃下进行，如实验温度超出这一范围，应于实验记录和报告中注明。

9.1.2　主要仪器设备或材料

(1)万能材料实验机(本实验中以下简称为实验机)：准确度为 1 级或优于 1 级(测力示值相对误差±1)。为保证机器安全和实验准确，所有测量值应在实验机被选量程的 20% ~ 80%。

(2)尺寸量具：公称直径≤10 mm 时，测量精度为 0.01 mm；公称直径>10 mm 时，测量精度为 0.05 mm。

9.1.3　实验步骤

(1)根据钢筋公称直径 d_0 确定试件的标距长度。原始标距 $L_0 = 5d_0$，如钢筋的平行长度(夹具间非夹持部分的长度)比原始标距长许多，可在平行长度范围内用小标记、细划线或细墨线均匀划分 5 ~ 10 mm 的等间距标记，标记一系列套叠的原始标距，便于在拉伸实验后根据钢筋断裂位置选择合适的原始标记。

(2)实验机指示系统调零。

(3)将试件固定在实验机夹头内，应确保试件受轴向拉力的作用。开动机器进行拉伸，直至钢筋被拉断。

9.1.4　实验结果与评定

(1)屈服强度和抗拉强度的测定。

加荷拉伸时，当实验机刻度盘指针停止在恒定荷载，或不计初始效应指针回转时的最小荷载，就是屈服点荷载 F_s。按照式(9-1)计算屈服强度，即

$$\sigma_s = F_s / A \tag{9-1}$$

式中：σ_s——屈服点强度，MPa；

$\quad F_s$——屈服点荷载，N；

$\quad A$——试件的公称横截面积，mm^2。

当 $\sigma_s > 1\ 000$ MPa 时，应计算至 10 MPa；σ_s 为 200 ~ 1 000 MPa 时，应计算至 5 MPa；$\sigma_s \leq 200$ MPa 时，计算至 1 MPa，小数点数字按"四舍六入五单双法"处理。

继续加荷至试件拉断，记录刻度盘指针的最大荷载 F_b。按照式(9-2)计算抗拉强度，即

$$\sigma_b = F_b / A \tag{9-2}$$

式中：σ_b——抗拉强度，MPa；

$\quad F_b$——最大荷载，N；

A——试件的公称横截面积，mm^2。

σ_b 计算精度的要求同 σ_s。

（2）断后伸长率测定。

①将已拉断试件的两段在断裂处对齐，尽量使其轴线位于一条直线上。如拉断处由于各种原因形成缝隙，则此缝隙应计入试件拉断后的标距部分长度内。

②如拉断处到邻近的标距点的距离大于 $1/3L_0$ 时，可用卡尺直接量出已被拉长的标距长度 L_1（mm）。

③如拉断处到邻近的标距端点的距离小于或等于 $1/3L_0$，可按下述移位法确定 L_1：

在长段上，从拉断处 O 取基本等于短段格数，得点 B，接着取等于长段所余格数［偶数，见图9-1（a）］之半，得点 C；或者取所余格数［奇数，见图9-1（b）］减1与加1之半，得点 C 与 C_1。移位后的 L_1 分别为 $AO+OB+2BC$ 或者 $AO+OB+BC+BC_1$。

如果直接测量所求得的断后伸长率能达到技术条件的规定（用移位法计算标距值），则可不采用移位法。

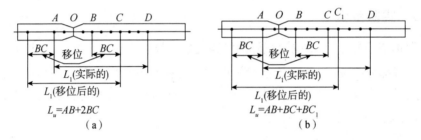

图9-1 用位移法计算标距图

④断后伸长率按式（9-3）计算（精确至1%），即

$$\delta_{10}(\delta_5) = \frac{L_1 - L_0}{L_0} \times 100\% \tag{9-3}$$

式中：δ_{10}、δ_5——$L_0 = 10a$ 和 $L_0 = 5a$ 时的断后伸长率。

L_0——原标距长度 $10a(5a)$，mm；

L_1——试件拉断后直接量出或按移位法确定的标距部分的长度（测量精确至0.1 mm），mm。

如试件在标距端点上或标距外断裂，则实验结果无效，应重做实验。

按表9-1记录实验结果。

表9-1 实验结果记录表

试件	原始直径 d_0/mm	原始标距 L_0/mm	断后直径 d_1/mm	断后标距 L_1/mm	屈服强度 σ_s/MPa	最大荷载 /N	抗拉强度 σ_b/MPa	断后伸长率 /%
1								
2								
3								

9.1.5　注意事项与难点分析

本实验的注意事项与难点分析暂无，学生可自行总结。

9.2　钢筋冷弯实验

9.2.1　实验目的与适用范围

1. 实验目的

通过钢筋冷弯试验，检验钢筋承受规定弯曲角度的弯曲变形性能，以此检验钢筋的塑性。

2. 国家标准

本实验依据的国家标准如下：

(1)《金属材料弯曲实验方法》(GB/T 232—2010)；

(2)《钢筋混凝土用钢第 1 部分：热轧光圆钢筋》(GB 1499.1—2017)；

(3)《钢筋混凝土用钢第 2 部分：热轧带肋钢筋》(GB 1499.2—2018)；

(4)《型钢验收、包装、标志及质量证明书的一般规定》(GB/T 2101—2008)；

(5)《钢及钢产品交货一般技术要求》(GB/T 17505—2016)。

3. 一般规定

(1)同一截面尺寸和同一炉罐号组成的钢筋分批验收时，每批质量不大于 60 t。

(2)钢筋应有出厂证明书或实验报告单。验收时应抽样做力学性能实验，包括拉伸实验和冷弯实验。两个项目中如有一个项目不合格，该批钢筋即为不合格品。

(3)钢筋在使用中如有脆断、焊接性能不良或力学性能显著不正常时，还应进行化学成分分析，或其他专项实验。

(4)取样方法和结果评定规定，自每批钢筋中任意抽取两根，于每根距端部 50 mm 处各取一套试样(两根试件)。在每套试样中取一根做拉伸实验，另一根做冷弯实验。在冷弯实验中，如有一根试件不符合标准要求，应同样抽取双倍钢筋，制成双倍试件重做实验，如仍有一根试件不符合标准要求，冷弯实验项目即为不合格。

(5)实验应在(20±10)℃下进行，如实验温度超出这一范围，应于实验记录和报告中注明。

9.2.2　主要仪器设备或材料

(1)万能材料实验机(本实验中以下简称为实验机)：准确度为 1 级或优于 1 级(测力示值相对误差±1)。为保证机器安全和实验准确，所有测量值应在实验机被选量程的 20% ~ 80%。

(2)弯曲装置、游标卡尺等。

(3)试件。试件不经加工，长度 $L \approx 5\alpha+150$(mm)(α 为试件原始直径)。

9.2.3 实验步骤

(1)根据钢材等级选择好弯心直径和弯曲角度。

(2)根据试件直径选择压头和调整支辊间距,将试件放在实验机上,如图9-2(a)所示。

(3)开动实验机加荷弯曲试件达到规定的弯曲角度,如图9-2(b)、(c)所示。

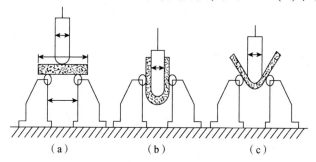

（a）　　　　　　　　（b）　　　　　　　　（c）

图9-2　钢材冷弯实验装置

(a)未弯曲;(b)弯曲180°;(c)弯曲90°

9.2.4 实验结果与评定

冷弯实验后弯曲外侧表面,如无裂纹断裂起层,即判为合格。做冷弯实验的两根试件中,如有一根试件不合格,可取双倍数量试件重新作冷弯实验;第二次冷弯实验中,如仍有一根不合格,即判该批钢筋为不合格品。

9.2.5 注意事项与难点分析

本实验的注意事项与难点分析暂无,学生可自行总结。

第 10 章

墙体保温材料实验

10.1　烧结普通砖抗压强度实验

10.1.1　实验目的与适用范围

本实验旨在测量烧结普通砖的抗压强度。

10.1.2　主要仪器设备或材料

压力机(300~500 kN)、锯砖机或切砖器、直尺等。

10.1.3　实验步骤

1. 试件制备及养护

(1)将 10 块试样切断或锯成两个半截砖，断开的半截砖长度不得小于 100 mm，如果不足 100 mm，应另取备用试样补足。

(2)将已断开的半截砖放入室温的净水中 10~20 min 后取出，并以断口相反方向叠放，两者中间抹以厚度不超过 5 mm、用 P. O 32.5 或 P. O 42.5 水泥调制成的稠度适宜的水泥净浆进行黏结，上下两面用厚度不超过 3 mm 的同种水泥浆抹平。制成的试件上下两面应相互平衡，并垂直于侧面。

(3)将制备好的试件置于温度不低于 10 ℃的不通风室内养护 3 d。

2. 具体实验过程

(1)测量每个试件连接面的长、宽尺寸，分别取其平均值(精确至 1 mm)，并计算受力面积 $A(\mathrm{mm}^2)$。

(2)将试件平放在加压板的中央，垂直于受压面加载，加载速度为(5±0.5) kN/s，直到试件破坏为止，记录最大破坏荷载 $P(\mathrm{N})$。

10.1.4 实验结果与评定

（1）单个试件的抗压强度值 f_i，按式（10-1）计算（精确至 0.01 Ma），即

$$f_i = P/A \tag{10-1}$$

（2）计算 10 个试件的抗压强度平均值 $\bar{f}$、10 个试件的抗压强度标准差 S 和强度变异系数 δ（计算精确至 0.01MPa）。

抗压强度标准差 S 按式（10-2）计算（精确至 0.01 MPa），即

$$S = \sqrt{\frac{1}{9} \sum_{i=1}^{10} (f_i - \bar{f})^2} \tag{10-2}$$

式中：f_i——单个试件的抗压强度测定值，MPa；

$\bar{f}$——10 个试件的抗压强度平均值，MPa；

S——10 个试件的抗压强度标准差，MPa。

强度变异系数 δ 按式（10-3）计算（精确至 0.01 MPa），即

$$\delta = \frac{S}{\bar{f}} \tag{10-3}$$

当变异系数 $\delta \leqslant 0.21$ 时，按抗压强度平均值 $\bar{f}$、强度标准值 f_k 评定砖的强度等级。f_k 按式（10-4）计算（精确至 0.01 MPa），即

$$f_k = \bar{f} - 1.8S \tag{10-4}$$

10.1.5 注意事项与难点分析

本实验的注意事项与难点分析暂无，学生可自行总结。

10.2 蒸压加气混凝土砌块抗压强度实验

10.2.1 实验目的与适用范围

本实验旨在测量蒸压加气混凝土砌块的抗压强度。

10.2.2 主要仪器设备或材料

压力机（300～500 kN）、锯砖机或切砖器、直尺等。

10.2.3 实验步骤

1. 试件制备及养护

沿制品膨胀方向中心部分上、中、下顺序锯取一组试件，"上"块上表面距离制品顶面 30 mm，"中"块在正中处，"下"块的下表面距离制品底面 30 mm。制品的高度不同，试件间隔略有不同。采用 100 mm×100 mm×100 mm 立方体试件，在其质量含水率为 25%～45% 的情况下进行实验。

2. 具体实验过程

（1）测量试件的尺寸，精确至 1 mm，并计算试件的受压面积 $A_1(mm^2)$。

（2）将试件放在材料实验机下压板的中心位置，试件的受压方向应垂直于制品的膨胀方向，以 $(2.0±0.5)$ kN/s 的速度连续而均匀地加荷，直至试件破坏，记录破坏荷载 $P_1(N)$。

（3）立即对实验后的试件全部或部分称其质量，然后在 $(105±5)$ ℃温度下烘至恒重，计算其含水率。

10.2.4　实验结果与评定

抗压强度按式（10-5）计算，即

$$F_{cc} = P_1/A_1 \tag{10-5}$$

式中：F_{cc}——试件的抗压强度，MPa；

　　P_1——试件的破坏荷载，N；

　　A_1——试件的受压面积，mm^2。

按 3 个试件实验结果的算术平均值进行评定，精确至 0.01 MPa。

10.2.5　注意事项与难点分析

本实验的注意事项与难点分析暂无，学生可自行总结。

10.3　保温材料导热系数实验

10.3.1　实验目的与适用范围

本实验旨在测量保温材料的导热系数。

10.3.2　主要仪器设备或材料

本方法适用于当前高校普遍采用的 VQ-300-G 型导热系数测定仪测试导热系数。采用目前国际通用的导热系数测试方法：防护热板法。具体实施措施是，在仪器计量区周围的二维空间方向内对计量区的热流方向进行控制，从而使得穿过试件横截面方向的热流方向为垂直，排除了横向热流对计量的影响。《绝热材料稳态热阻及有关特性的测定 防护热板法》（GB/T 10294—2008）提出两种测试法：单试件法和双试件法。针对实验过程中用户很难做出两块几何和其他物理参数一致的试件，所以 VQ-300-G 型导热系数测定仪采用单试件测法。

VQ-300-G 型导热系数测定仪对环境温度的要求严格，仪器应放在恒温间（或空调房）进行实验，并且保持实验过程环境温度的波动在±2 ℃之内。

（1）VQ-300-G 型导热系数测定仪：导热系数范围为 0.015～1.200 W/(m·k)；测量重复性为±1.5%；热面最高温度为 90 ℃；冷面最低温度为-10 ℃；测量精度为±3%。

（2）电热鼓风干燥箱：最高温度为 200 ℃，灵敏度为±1 ℃。

（3）电子天平：量程为 10 kg，感量 1 g。

（4）砂纸、尺子等用具。

10.3.3 实验步骤

1. 试件制备及养护

制备尺寸为 300 mm×300 mm、厚度在 20～30 mm 之间的保温材料试件，养护到规定龄期。将试件放在电热鼓风干燥箱内，在（105±5）℃下烘干至恒重 m_0，精确至 1 g。试件的测试面平面平行度误差小于 0.2 mm，测试面平面度误差在±0.1 mm 内。平面平行度误差和平面度误差达不到要求的试件应采取合适的加工措施，如用砂纸打磨至满足实验要求。

对特殊材质和几何形状的试件，应采取相应的控制方法，柔软材质的板状试件应在边角部安装定厚支柱，粉状颗粒采取盒装定型。

试件在装入仪器前要测量厚度 d，精确至 0.1 mm。

按式（10-6）计算出试件干表观密度 ρ_0（精确至 0.01 g/cm³），即

$$\rho_0 = \frac{m_0}{30 \times 30d} \tag{10-6}$$

式中：m_0——试件干燥状态质量，g；

  d——试件厚度，cm。

2. 具体实验过程

（1）放置试件。启动导热系数测试仪，并与计算机相连。将已准备好的试件放入测试腔。扳动运动控制开关，使冷侧板向前移动，将试件夹紧，直至电动机停止运动，盖上护温盖门。在计算机上运行"VQ-300-G 型导热系数测定仪测控系统 V1.0"软件。

（2）输入参数。在软件主界面的"测试材料信息"栏目选择当前测试材料的种类，填写试件的厚度和密度。在"实验温度参数设定"栏目中填写平均温度、冷热温差和冷面温度。

材料的导热系数与平均温度有关，平均温度的设定依测试材料的种类而定，对于常见的保温隔热材料（聚苯乙烯泡沫塑料、聚氨酯保温板、中空玻璃等），通常设定为室温比较合适（如 23 ℃），平均温度的设定范围通常在 5～60 ℃之间。

冷热温差的设定通常在 20～50 ℃之间。一般而言，导热系数小的材料，其温差应设得大些。对于聚苯类的材料，其温差不低于 30 ℃。另外，试件的厚度越大，温差也要相应提得更高。材料导热系数较大且厚度薄的试件，温差可以小些，比如 15 ℃。

冷面温度在-10 ℃～室温范围内设定，当设定为-10 ℃时，实验室的环境温度应控制在 22 ℃以下。

一般情况下的测试，按照软件上的默认值即可。

将各数值输入后，点击"确定"和"应用"按钮。

（3）设定测试时间。VQ-300-G 型导热系数测定仪是按照计测功率法测量，不是传统的热流法测量，所以在实验所需时间上要远远大于热流法。一般测试情况下，实验时间可以设为 1 500 min（25 h），在一定的时间段内，测试时间越长，得到的测量结果越准确，这个情况可以从软件运行的渐近线曲线看出。

(4)测试。所有设定完成后,点击"开始"按钮,输入本次实验的文件名,设备开始进入温控状态,热侧板开始升温,冷侧板开始降温。同时仪器前面板的指示灯变亮指示当前工作状态,软件界面也有相应的数据和曲线。

实验时间到,对话框会提示:"热流达到稳定状态,测试结束!"

10.3.4　实验结果与评定

实验数据的记录在":/(应用程序安装目录)/导热仪测试数据/实验数据/"文件夹下,点击查看并记录导热系数值即可。

10.3.5　注意事项与难点分析

本实验的注意事项与难点分析暂无,学生可自行总结。

10.4　保温材料体积吸水率实验

10.4.1　实验目的与适用范围

本实验旨在测量保温材料的体积吸水率。

10.4.2　主要仪器设备或材料

(1)电热鼓风干燥箱:最高温度 200 ℃,灵敏度±1 ℃。
(2)恒温水槽:水温(20±5)℃。
(3)电子天平:量程为 2 000 g,感量 1 g。

10.4.3　实验步骤

(1)取一组 3 个试件,逐块量取长度、宽度和高度(精确至 1 mm),计算每个试件的体积 V。
(2)将试件放入水温(20±5)℃的恒温水槽内,然后加水至试件高度的 1/3,保持 24 h,再加水至试件高度的 2/3,经 24 h 后,加水高出试件 30 mm 以上,保持 24 h。试件间距不得小于 20 mm。
(3)将试件从水中取出,用湿布抹去表面水分,立即称取每块质量 m_g,精确至 1 g。
(4)将试件放在电热鼓风干燥箱内,(105±5)℃下烘至恒质量 m_0,精确至 1 g。

10.4.4　实验结果与评定

体积吸水率按式(10-7)计算,即

$$W_s = \frac{m_g - m_0}{\rho V} \times 100\% \tag{10-7}$$

式中:W_s——试件的体积吸水率,%;
　　　m_g——试件吸水后质量,g;

m_0——试件烘干后质量，g；

ρ——水的密度(精确至 0.001 g/m³)；

V——试件的体积，mm³。

泡沫混凝土的体积吸水率以 3 个试件实验结果的算术平均值表示，精确至 1%。

10.4.5　注意事项与难点分析

本实验的注意事项与难点分析暂无，学生可自行总结。

第 11 章

土工实验

11.1 土的含水率实验

11.1.1 实验目的与适用范围

含水率是土的基本物理性质指标之一。

土的含水率是土在 105 ~ 110 ℃下烘至恒重时所失去的水分质量与恒重后干土质量的比值，以百分数表示；或是指土在天然状态下，土中水分的质量与土的固体部分的质量的比率。

长期以来，我国以烘干法为室内实验的标准方法。在工地如无烘干设备或要求快速测定时，可采用酒精或煤油燃烧法；对砂土、砂壤土，采用湿度密度计法；对砂性土，采用密度法；对含砾较多的土，采用炒干法。近年来比较先进的方法有容积法、碳化钙法和微波法（微波含水率测定仪），几种方法都适用于黏性土。对有机质含量大于 5% 的土，可应用真空干燥法。国际上规定将温度控制在 65 ~ 75 ℃的恒温下烘干。目前国外则应用放射技术（即中子放射），测定土的含水率。根据现有条件和工地施工的具体情况和要求，我们只介绍烘干法、酒精燃烧法两种方法。酒精燃烧法，由于难以控制 105 ~ 110 ℃的恒温条件，故国标中未列入。在野外实际工作中有时需要大致了解土的含水率，故也可用此法。

含水率反映土的潮湿状态，一定状态下的土均含一定的水分，土中所含水分的多少不同，其土的状态和稠度性质不同，强度也不同。而且含水率又是计算土的孔隙率、孔隙比、干密度、饱和度等非实测性指标的依据，是土工建筑物等质量控制的依据，可用来评价土的容许承载力和土的冻胀性。因此我们在土工实验中均需做含水率实验。

根据含水率的定义，只要测得天然土中水的质量 m_w 和干土的质量 m_s，即可得土的含水率 W：$W = m_w / m_s \times 100\%$。

11.1.2　主要仪器设备或材料

1.　烘干法

(1)烘箱：可采用温度保持在 105～110 ℃的电热恒温烘箱，也可采用红外线烘箱及微波炉等。

(2)电子天平：称量 200 g，分度值为 0.01 g。

(3)干燥器：附有干燥剂(氯化钙)的玻璃干燥缸。

(4)称量盒：铝制称量盒(为简化计算手续可用恒质量铝盒)。

2.　酒精燃烧法

(1)称量盒：定期校正为恒值。

(2)天平：称量 200 g，分度值 0.01 g。

(3)酒精：纯度为 95%。

(4)其他：滴管、调土刀、火柴等。

11.1.3　实验步骤

1.　烘干法

(1)选取具有代表性的土样 15～30 g(砂土应多取)放入质量为 m_0 的称量盒中，立即盖好盒盖，称盒+湿土质量 m_1(精确至 0.01 g)。

(2)打开盒盖，并将盖套在底下，一同放入烘箱，在温度 105～110 ℃烘至恒重，然后将烘干的土样连盒取出放入干燥器内冷却至室温。

(3)将盒从干燥器中取出，盖好盒盖，称盒+干土质量 m_2，准确至 0.01 g。

(4)含水率实验需进行两次平行测定，取两次实验结果的算术平均值，再次测定的平行差值，依含水率不同，平行差值应符合表 11-1 中的规定。

表 11-1　含水率测定的允许平行差值

含水率/%	允许平行差值/%
<10	0.5
10～40	1
>40	2

2.　酒精燃烧法

(1)选取具有代表性的土样若干克(黏性土 3～5 g，砂土 20～30 g)放入称量盒内，立即盖好盒盖称重，精确至 0.01 g。

(2)将土样分散开，用滴管将酒精注入土样中，使其充分湿润，直至土面出现自由液时为止，为使酒精充分混合均匀，可将盒底在桌面上轻轻敲击。

(3)将称量盒放在非易燃物上(如水泥台面)点燃酒精，烧到火焰熄灭。

(4)将土样冷却数分钟，重新滴入酒精，再次燃烧，一般黏土需要燃烧 3 次，砂土 2 次(注意火焰未熄灭切勿再加酒精，以免烧伤手)。

(5)待最后一次火焰熄灭后，立即盖好盒盖称重，称量应精确至 0.01 g。

（6）本实验需进行两次平行测定，计算方法及允许平行差值同烘干法相同。

11.1.4　实验结果与评定

按式（11-1）计算土的含水率，即

$$w = \frac{m_2 - m_1}{m_1 - m_0} \times 100\%　\qquad (11-1)$$

式中：w——含水率，%；

m_0——称量盒质量，g；

m_1——盒+干土质量，g；

m_2——盒+湿土质量，g。

按表 11-2 记录实验结果。

表 11-2　实验结果记录表

土样编号	盒号	称量盒质量/g	盒+湿土质量/g	盒+干土质量/g	水分质量/g	干土质量/g	含水率/%	平均含水率/%
1								
2								
3								

11.1.5　注意事项与难点分析

（1）打开土样后，应立即取样称湿土质量，以免水分蒸发。

（2）土样必须在 100～105 ℃恒温下烘至恒重，否则会得出不同含水率的数值。称重时精确至小数点后两位。

（3）烘干后土样应冷却后再称重，以避免天平受热不均影响称量精度，防止热土吸收空气中的水分。

11.2　土体密度实验

11.2.1　实验目的与适用范围

在天然状态下，单位土体的质量称之为土的天然密度，亦称为天然湿密度。

对于黏性土天然密度值的测定，一般采用环刀法，因为其操作简便准确，所以被列为天然密度实验的标准方法。但是如果遇到含砾土及不能用环刀切削的坚硬、易碎、形状不规则的土，则可使用灌砂法、蜡封法、灌水法、水袋法、钻芯取样法（后两种方法国标未列入）等。在现场，砂土、砂砾石土可用灌砂法加以测定，对于饱和松散砂、淤泥、饱和软黏土，可采用放射性同位素法在现场测定其天然密度。

土的天然密度是土的基本物理性质指标之一，测定土的天然密度的目的是为了基本了解土体的内部结构及密实情况，用它可计算土的其他物理性质指标。另外，在勘测、设计和施工中亦常用到它。如：

(1)计算地基的允许承载力；

(2)计算建筑物地基的沉降量；

(3)计算边坡的稳定性；

(4)计算挡土墙所受的土压力；

(5)检验作为建筑材料的土的质量等。

因此，无论室内实验或野外勘查及施工质量的控制，均需要测定土的天然密度。

其原理较简单，是先称出土体的质量，再测得其体积，进而求出单位体积的质量。各种测量方法的不同均在于结合不同的实际情况测定土的体积的方法不同。

11.2.2 主要仪器设备或材料

1. 环刀法

(1)环刀：内径 61.8 mm，高 20 mm。

(2)击实仪。

(3)天平：感量 0.1 g，称量 500~600 g。

(4)其他：修土刀、钢丝锯、毛玻璃板、凡士林等。

2. 蜡封法

(1)石蜡及熔蜡设备(电炉和锅)。

(2)天平：称重 500 g，最小分度值 0.1 g；称量 200 g，最小分度值 0.01 g。

(3)其他：切土刀、烧杯、细线、温度计和针等。

11.2.3 实验步骤

1. 环刀法

(1)按工程需要取原状土或人工制备所要求的扰动土样(原状土样应取其高度直径大于环刀尺寸)。将制备好的扰动土，取其约 1 000 g 倒入击实仪中，把重锤提至 46 cm 的高度，让其自由下落锤击 15 次，即得到制备好的土样。

(2)把制备好的土样放在玻璃板上，将环刀的刀口向下放在土样上面，然后用手将环刀垂直下压，边压边削，至土样上端伸出环刀为止，将两端余土削去修至与环刀两端齐平，并及时在两端盖上平滑的玻璃板，以免水分蒸发。

(3)擦净环刀外壁，拿去玻璃板，然后称取环刀+土质量，精确至 0.1 g。

2. 蜡封法

(1)切取体积不小于 30 cm³ 的代表性土样，系上细线称量。

(2)持线将土样缓缓浸入刚过熔点的蜡液中，浸没后立即提出，检查土样周围的蜡膜；当有气泡时应用针刺破，用蜡液补平，冷却后称蜡封土样质量。

(3)然后将蜡封土样挂在天平的一端，浸没在盛有纯水的烧杯中，称其在水中的质量，取出土样，擦干表面水分，再称蜡封土样质量，检查是否有水透入，当质量增加时，应重做实验。

11.2.4 实验结果与评定

环刀法按照式(11-2)计算密度,即

$$\rho = \frac{m}{V} = \frac{m_1 - m_0}{V} \tag{11-2}$$

式中:ρ——密度(精确至 0.01 g/cm^3),g/cm^3;

m——土质量,g;

V——环刀体积,cm^3;

m_1——环刀+土质量,g;

m_0——环刀质量,g。

土体密度实验应进行两次平行测定,两次测定的差值不得大于 0.03 g/cm^3,取其两次实验结果的算术平均值。

蜡封法按照式(11-3)计算密度,即

$$\rho_0 = \frac{m_0}{\dfrac{m_n - m_{nw}}{\rho_{wT}} - \dfrac{m_n - m_0}{\rho_n}} \tag{11-3}$$

式中:m_n——蜡封土样质量,g;

m_{nw}——蜡封土样在水中的质量,g;

ρ_{wT}——纯水在温度为 T 时的密度,g/cm^3;

ρ_n——蜡的密度,g/cm^3。

其他符号同前。

按表 11-3 和 11-4 记录实验结果。

表 11-3 环刀法实验结果记录表

土样编号	环刀号	环刀+土质量/g	环刀质量/g	土质量/g	环刀体积/cm^3	密度/(g·cm^{-3})	平均密度/(g·cm^{-3})
1							
2							

表 11-4 蜡封法实验结果记录表

土样编号	1	2
土样质量/g		
蜡封土样质量/g		
蜡封土样在水中的质量/g		
温度/℃		
水的密度/(g·cm^{-3})		
蜡封土样体积/cm^3		

土样编号	1	2
蜡封体积/cm³		
土样体积/cm³		
土样密度/(g·cm⁻³)		

11.2.5 注意事项与难点分析

(1)用环刀取土时,为防止土样扰动,应一边削土柱,一边垂直轻压,切不可用锤或其他工具将环刀打入土中。

(2)在切平环刀两端多余土样时要迅速细心,尽量保持土样体积与环刀容积一致。

(3)关于蜡的温度规定:刚过熔点,以蜡液达到熔点以后不出现气泡为准。蜡液温度过高,对土样的含水率和结构都会造成一定影响,而温度过低,蜡溶解不均匀,不易封好蜡皮。蜡封时为避免土样的扰动和有气泡封闭在土样与蜡之间,故需缓慢地将土样浸入蜡中。

11.3 土粒密度(比重)实验

11.3.1 实验目的与适用范围

土粒密度是指在 105~110 ℃温度下将土烘至恒重时的质量与土粒体积的比值。国际上称之为土粒比重,定义为土粒在温度 105~110 ℃下烘至恒重时的质量与同体积 4 ℃时纯水质量的比值。根据土的粒度成分的不同,可采用不同的实验方法:

(1)粒度小于 5 mm 的土,可用李氏瓶法加以测定;

(2)粒度大于 5 mm 的土,其中含大于 20 mm 颗粒小于 10% 时,可用浮称法进行测定;其中含大于 20 mm 颗粒超过 10% 时,可用虹吸筒法进行测定;然后取其加权平均值作为土粒密度。这里只介绍李氏瓶法。

本实验的目的是测定土粒密度,因为它是土的物理性质最基本的指标之一,具体用途如下:

(1)由土粒密度的大小可大致判定土中是否存在某种重造岩矿物或有机物质,即可定性分析土的矿物成分;

(2)可为土的孔隙比、孔隙度、饱和度等的计算提供基本数据;

(3)用于击实实验中计算饱和含水率及估算最大干密度。

由土粒密度定义可知,需求出固体颗粒的质量和体积即可,而关键的关键是求出固体颗粒的体积,这样我们可用李氏瓶,推算出固体颗粒排出的液体体积,便可得出结论。李氏瓶法利用的就是这个原理。

11.3.2 主要仪器设备或材料

(1)李氏瓶:容积 100 mL。

(2)天平:感量 0.001 g。

(3)恒温水、电热砂浴、烘箱、筛等。

11.3.3　实验步骤

(1)取实验室预先制备好的土样 15 g 左右,用玻璃漏斗装入已洗净烘干的李氏瓶内,注意李氏瓶和瓶塞编号是否一致,称瓶、土质量 m_1,精确至 0.001 g。

(2)将纯水注入李氏瓶,注入量约为李氏瓶容积的二分之一,轻轻摇动李氏瓶使土粒与纯水混合均匀,然后拔去瓶塞,把李氏瓶放入电砂浴中煮沸,煮沸时间,从悬液沸腾时起算,砂土不少于 30 min,黏土不少于 1 h。

(3)将煮沸后的李氏瓶取出,使其冷却至室温然后注满同室温的纯水,待瓶内的土悬液澄清后,把瓶塞塞紧,多余的水分从瓶塞的毛细管中溢出并使瓶内无气泡。擦去李氏瓶外水分,称瓶、水、土质量 m_3,精确至 0.001 g。

(4)倒去悬液,洗净李氏瓶,注入同室温的纯水至李氏瓶中,塞好瓶塞,使多余的水分从瓶塞的毛细管中溢出,擦去李氏瓶外的水分,称瓶、水质量 m_2,精确至 0.001 g。

(5)比重实验必须平行做两次。两次实验结果的误差不得大于 0.02,取两次实验结果的算术平均值为该土样的比重。

11.3.4　实验结果与评定

按照式(11-4)计算比重,即

$$G_s = \frac{m_1 - m_0}{m_2 + (m_1 - m_0) - m_3} \times G_{iT} \tag{11-4}$$

式中：G_s——土的比重;

　　　m_1——瓶、土质量,g;

　　　m_2——瓶、水质量,g;

　　　m_3——瓶、水、土质量,g;

　　　m_0——李氏瓶质量,g;

　　　G_{iT}——温度为 T 时纯水的比重(可查物理手册),精确至 0.001。

按表 11-5 记录实验结果。

表 11-5　实验结果记录表

土样编号	1	2
瓶号	1	2
李氏瓶质量/g		
瓶、土质量/g		
土质量/g		
瓶、水、土质量/g		
瓶、水质量/g		
土的比重		
平均比重		

11.3.5　注意事项与难点分析

(1)本实验最好采用 100 mL 的李氏瓶,但也允许采用 50 mL 的李氏瓶。

（2）用李氏瓶测定土粒密度，目前绝大多数都采用烘干土。对有机质含量高的土，可不予烘干即做实验，待实验结束后，再测定土样的烘干质量。

（3）实验用的液体，规定为经煮沸并冷却的脱气蒸馏水，要求水质纯度高，不含任何被溶解的固体物质。

（4）排气方法，以煮沸法为主。当土中含有可溶盐分、亲水性胶体或有机物时，则不能用蒸馏水，以免出现实验误差，此时须用中性溶液（如采用煤油，也有采用酒精或是苯），并采用真空抽气法代替煮沸法，以排出土中的气体。

（5）同一种黏性土的粒密度，从冬季到夏季，随着大气温度升高及水蒸气压力增大而减少，砂性土则受之影响极小。因此建议对黏性土用控制烘箱相对温度相等的方法测定土粒密度。

（6）李氏瓶实验的计算式中的 m_3 与 m_2 必须在同一温度下称重，而 m_1 与 m_0 的称取与温度无关。

（7）本实验可以在 4～20 ℃之间任一温度下进行，误差都在许可的范围内。

（8）加水加塞称重时，应注意塞孔中不得有气泡，以免造成误差。

（9）李氏瓶必须每年至少校正一次，并经常抽查。因为李氏瓶的玻璃在不同的温度下会产生胀缩，而且水在不同温度下的密度也各不相同，因此李氏瓶盛装液体至一定标记处的质量是随温度的变化而变化的。

11.4　土的液、塑限实验

11.4.1　实验目的与适用范围

黏性土随着含水率的不同，分别处于各种不同的稠度状态，如流动状态、可塑状态、半固体状态、固体状态。为了确定土的稠度状态，必须首先确定土从某一状态过渡到另一状态的含水率，以便划分其界限，此种含水率称为界限含水率。液限和塑限在工程上是经常遇到的两种界限。

液限（w_l）：由流动状态转向可塑状态时的界限含水率，即保持可塑状态的最高含水率称为液限。

塑限（w_p）：由可塑状态过渡到半固体状态时的界限含水率，即保持可塑状态的最低含水率称为塑限。

土的界限含水率与土的机械组成、矿物成分、活动性、吸附水的表面电荷强度及颗粒比面积有关，所以根据界限含水率可以反映土的某些物理特性。联合测定土的液限和塑限是为了划分土类，计算天然稠度、塑性指数、液性指数供土木工程设计和施工之用。

本实验适用于粒径不大于 0.5 mm、有机物质含量不大于土样总质量5%的土。

用液、塑限联合测定仪测定土在不同含水率时圆锥入土的深度，根据含水率和对应的下沉深度之间的关系在双对数坐标纸上绘出直线，在直线上查得圆锥下沉深度为 20 mm 时的相应含水率即为液限，然后根据 w_l-h_p 曲线，查出塑限时下沉深度 h_p，求出塑限 w_p。

11.4.2　主要仪器设备或材料

(1)液、塑限联合测定仪:带有标尺的圆锥、电磁铁、显示屏、控制开关和试杯。

(2)读数显示:宜采用光电式、游离式和百分表式。

(3)试样杯:直径为 40 ~ 50 mm,高为 30 ~ 40 mm。

(4)烘箱、干燥皿、称量盒、调土刀等。

11.4.3　实验步骤

(1)本实验宜用天然含水率土样,当土样不均匀时,采用风干土样。当土样中含有粒径大于 0.5 mm 的土粒和杂物时,应过 0.5 mm 筛。采用天然含水率土样时,取代表性土样约 250 g;采用风干土样时,取过 0.5 mm 筛的代表性土样约 200 g,用纯水将土样调成均匀膏状,放入调土皿,浸润过夜,将土样充分调匀后,填入试样杯中。填样时不应有孔隙,填满后刮平表面。

(2)将试样杯放在液、塑限联合测定仪的升降座上,在圆锥尖抹一薄层凡士林,接通电源,使电磁铁吸住圆锥。

(3)将屏幕上的标尺调至零位,调整升降座,使圆锥尖接触土面,指示灯亮时,圆锥在自重下沉入土样,经 5 s 后测读圆锥下沉深度,取出试样杯,挖去锥尖入土处的凡士林,取锥体附近的土样不少于 10 g 放入称量盒内,测定含水率。

(4)将全部土样再加水或吹干并调匀,重复以上步骤分别测定第二点、第三点土样的圆锥下沉深度及相应的含水率。液、塑限联合测定应不少于三点(圆锥下沉深度宜为 3 ~ 4 mm、7 ~ 9 mm、15 ~ 17 mm)。

(5)将圆锥下沉深度及相应的含水率在双对数坐标纸上绘制关系曲线,求得圆锥下沉深度为 17 mm 及 2 mm 时的相应含水率为液限及塑限。

(6)计算出含水率。

(7)以含水率为横坐标,圆锥下沉深度为纵坐标,在双对数坐标纸上绘制关系曲线。三点连一直线,当三点不在一直线上,通过高含水率的一点与其余两点连成两条直线,在圆锥下沉深度为 2 mm 处查得相应的含水率,当两个含水率的差值小于 2% 时,应以该两点含水率的平均值与高含水率的点连成一线。当两个含水率的差值大于、等于 2% 时,应补做实验。在圆锥下沉深度与含水率关系图上,查得下沉深度为 17 mm 所对应的含水率为液限;查得下沉深度为 2 mm 所对应的含水率为塑限,以百分数表示,取整数。

目前,国内各个行业不同规范中锥体中两个下沉深度尚未统一,《土工试验方法标准》(GB/T 50123—2019)采用锥体质量 76 g,下沉深度有 10 mm 和 17 mm 两种液限标准;《公路土工试验规程》(JTG E40—2007)中界限含水率实验中用的是质量 100 g 的锥,下沉深度有 20 mm;《公路桥涵地基与基础设计规范》(JTG D63—2007)中用质量 76 g 的锥;《建筑地基基础设计规范》(GB 50007—2011)确定黏性土承载力标准值时按 10 mm 液限计算,水利部门普遍采用质量 76 g 的锥、下沉深度 17 mm,以及质量 100 g 的锥、下沉深度 20 mm 两种液限标准。

11.4.4　实验结果与评定

按照式(11-5)和式(11-6)计算塑性指数和液性指数,即

$$I_p = w_1 - w_p \tag{11-5}$$

$$I_l = \frac{w - w_p}{I_p} \tag{11-6}$$

式中：I_p——塑性指数；

I_l——液性指数，精确至 0.01；

w_1——液限,%；

w_p——塑限,%；

w ——含水率,% 。

按表 11-6 记录实验结果，并在双对数坐标纸(见图 11-1)上绘制实验数据。

表 11-6　实验结果记录表

土样编号		1		2		3	
圆锥下沉深度/mm	h_1						
	h_2						
	$(h_1+h_2)/2$						
盒号		1	2	3	4	5	6
称量盒质量/g　步骤 1							
称量盒+湿土质量/g　步骤 2							
称量盒+干土质量/g　步骤 3							
水分质量/g　步骤 4 = 步骤 2−步骤 3							
干土质量/g　步骤 5 = 步骤 3−步骤 1							
含水率/%　步骤 6 = 步骤 4/步骤 5×100%							
平均含水率/%							
液限/%							
塑限/%							
液性指数 I_l							
塑性指数 I_p							

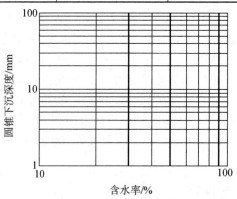

图 11-1　双对数坐标纸

11.4.5　注意事项与难点分析

液、塑限联合测定时，土样的含水率均匀及密实与否，对实验精度影响极大。土样制备时，3 个土样的含水率不宜十分接近，否则不易控制联合测定曲线的走向，影响测定精度。含水率接近塑限的那个土样，对测定影响很大。当含水率等于塑限时，该点控制曲线走向最准，但此土样很难调制。因此，可先将制备好的土样充分搓揉，再将它紧密地压入盛土皿，然后刮平。为便于操作，根据经验，此时的含水率可略加大，以圆锥下沉深度为 4~5 mm 为限。

在抹平土样时，注意不要反复刮抹，防止土样表面液化。

11.5　土的击实实验

11.5.1　实验目的与适用范围

土在经过外力作用压实之后，它的工程性质可以得到改善，例如提高土的抗剪强度，降低压缩性和透水性。在路堤、土坝和填土地基等工程中常要求把建筑材料的土压实到一定程度，击实实验是为了检验土在不同含水率、不同击实功能下的压实性能，以此作为土工建筑物填土施工时压实控制之依据。

本实验多用于粒径小于 5 mm 的土料，也适用于含 5 mm 以上颗粒的石质土。当粒径不大于 25 mm 时，用小试筒击实；当粒径大于 38 mm 时，用大试筒击实。击实实验的原理是土的三相（颗粒、空气、水分）之间的体积变化理论，即用锤击法使土中空气自孔隙中逸出，土颗粒得到重新排列，随着含水率的不同而排列也在改变。当土颗粒达到最大密实度时的干密度和含水率即为击实所求指标。

11.5.2　主要仪器设备或材料

（1）标准击实仪。
（2）烘箱。
（3）天平：称量 10 kg，感量 0.01 g。
（4）台秤：称量 10 kg，感量 5 g。
（5）圆孔筛：孔径为 38 mm、25 mm、19 mm 和 5 mm 筛各一个。
（6）拌和工具：面积 400 mm×600 mm、深 70 mm 的金属盘，土铲。
（7）其他：喷雾器，碾土器，盛土盘，量筒，推土器，铝盒，修土刀，平直尺，磅秤等。

11.5.3　实验步骤

1. 实验取样

（1）干土法（土重复使用）。将具有代表性的风干土样或在 50 ℃温度下烘干的土样放在橡皮板上，用圆木棍碾散，然后过不同孔径的筛（视粒径大小而定）。对于小击实筒，按四分法取筛下的土约 3 kg；对于大击实筒，同样按四分法取样约 6.5 kg。

如风干含水率低于起始含水率太多时，可将土样铺于一不吸水的盘上，用喷水设备均匀地喷洒适当用量的水，并充分拌和，焖料一夜备用。

（2）干土法（土不重复使用）。按四分法至少准备 5 个土样，分别加入不同的含水率（按 2%~3% 含水率递增），拌匀后焖料一夜备用。

（3）湿土法（土不重复使用）。对于高含水率土，可省略过筛步骤，用手拣除大于 38 mm 的粗石子即可，保持天然含水率的第一个土样，可立即用于击实，其余几个土样，将土分成小土块，分别风干，使含水率按 2%~3% 递减。

2. 实验方法选择

根据工程要求，按规定选择轻型或重型实验方法，要根据土的性质（含易击碎风化石数量多少，含水率高低），按规定选用干土法（土重复或不重复使用）或湿土法。

土样装筒：将击实筒放在坚硬的土面上，取制备好的土样分 3~5 次倒入筒内，小击实筒按三层法时，每次倒入约 800~900 g（其量应使击实后的土样等于或略高于筒高的 1/3），按五层法时，每次倒入约 400~500 g（其量应使击实后的土样等于或略高于筒高的 1/5）。对于大击实筒，先将垫块放入筒内底板上，按五层法时，每层需倒入土样约 900 g（细粒土）~1 100 g（粗粒土）；按三层法时，每层需倒入土样 1 700 g 左右。

土样击实：按规定的击数进行第一层土的击实，击实时击锤应自由垂直落下，锤迹必须均匀分布于土样面，第一层击实完后，将土样层面"拉毛"，然后再装入套筒，重复上述方法进行其余各层土的击实，小筒击实后，土样不应高出筒顶面 5 mm；大筒击实后，土样不应高出筒顶面 6 mm。

整平表面：整平表面，并稍加压紧。

取下套筒，削平称量：用修土刀沿套筒内壁削刮，使土样与套筒脱离后，扭动并取下套筒，齐筒顶细心削平土样，拆除底板，擦净筒外壁，称量，精确至 1 g。

脱模后测土含水率：用推土器推出筒内土样，从土样中心处取样，测其含水率，精确至 0.1%。

对于干土法（土重复使用），将土样搓散，然后进行洒水、拌和，但不需焖料，每次约增加 2%~3% 的含水率，其中有两个大于最佳含水率，两个小于最佳含水率，所需加水量按式（11-7）计算，即

$$m_w = \frac{m_i}{1 + 0.01w_i} \times 0.01(w - w_i) \tag{11-7}$$

式中：m_w——所需的加水量，g；

m_i——含水率 w_i 时的土样的质量，g；

w_i——土样原有含水率，%；

w——要求达到的含水率，%。

按上述步骤进行其他含水率土样的击实，一般需要做 5 次不同含水率的实验。

干土法（土不重复使用）和湿土法，击实步骤同上，只是土样制备有所不同（见上文实验取样）。

11.5.4 实验结果与评定

按式(11-8)计算击实后各点的干密度，即

$$\rho_d = \frac{\rho}{1 + 0.01w_i} \tag{11-8}$$

式中：ρ_d——干密度，g/cm^3；

ρ——湿密度，g/cm^3；

w_i——含水率，%。

11.5.5 注意事项与难点分析

(1)击实筒一般放在水泥混凝土地面上实验，如果没有这种地面，可以放在坚硬平稳较厚的石头上做实验。

(2)对细砂土，可参照其塑限估计最佳含水率，一般较塑限大3%~6%；对于砂性土，最佳含水率接近3%；对于黏性土，最佳含水率约为6%；对于天然砂砾土，级配集料的最佳含水率与集料中的细粒土含量和塑性指数有关，一般为5%~12%。对于细土偏少、塑性指数为零的级配碎石，其最佳含水率接近5%。对细土偏多、塑性指数较大的砂砾土，其最佳含水率约为10%。

(3)当土样中有大于38 mm颗粒时，应先取出大于38 mm颗粒，并求得其在土样中的所占百分率；把小于38 mm部分作击实实验，应分别对实验所得的最大干密度和最佳含水率进行校正(适用于大于38 mm颗粒的含量小于30%时)。

按表11-7记录实验结果。

表 11-7 实验结果记录表

实验次数	1		2		3		4		5	
击实筒+土质量/g										
击实筒质量/g										
湿土质量/g										
湿密度/($g \cdot cm^{-3}$)										
干密度/($g \cdot cm^{-3}$)										
盒号	1	2	3	4	5	6	7	8	9	10
称量盒+湿土质量/g										
称量盒+干土质量/g										
称量盒质量/g										
水质量/g										
干土质量/g										
含水率/%										
平均含水率/%										
最佳含水率=					最大干密度=					

以干密度为纵坐标，含水率为横坐标，绘制干密度与含水率的关系曲线。曲线上峰值点的纵、横坐标分别为最大干密度和最佳含水率。如曲线不能绘出明显的峰值点，应进行补点或重做。

11.6　土的渗透实验

11.6.1　实验目的与适用范围

渗透是液体在多孔介质中运动的现象，渗透系数是表达这一现象的定量指标。土的渗透性是由于骨架颗粒之间存在孔隙构成水的通道所致。土中孔隙水的运动和孔隙水压力的变化，常常是影响土的各种力学性质及控制各种土工建筑物设计与施工的重要因素。

水在土中的渗流是在土颗粒间的孔隙中发生的。由于土体孔隙的形状、大小及分布极为复杂，导致渗流水质点的运动轨迹很不规则，如果只着眼于这种真实渗流情况的研究，不仅会使理论分析复杂化，同时也会使实验观察变得异常困难。考虑到实际工程中并不需要了解具体孔隙中的渗流情况，因而可以对渗流作出如下的简化：一是不考虑渗流路径的迂回曲折，只分析它的主要流向；二是不考虑土体中颗粒的影响，认为孔隙和土粒所占的空间的总和均被渗流所充满。作了这种简化后的渗流其实只是一种假想的土体渗流，称为渗流模型。为了使渗流模型在渗流特性上与真实的渗流相一致，它还应该符合以下要求：

（1）一过水断面，渗流模型的流量等于真实渗流的流量；

（2）在任一截面上，渗流模型的压力与真实渗流的压力相等；

（3）在相同体积内，渗流模型所受到的阻力与真实渗流所受到的阻力相等。

土的渗透系数变化范围很大（$10^{-8} \sim 10^{-1}$ m/s），渗透系数测定应采用不同的方法，常用的有：

（1）常水头法：适用于粗粒土（如砂土）；

（2）变水头法：适用于细粒土（如粉土、粉质黏土、黏土）。

11.6.2　主要仪器设备或材料

1. 常水头法

（1）常水头渗透仪。

（2）天平：称量 5 000 g，感量 1 g。

（3）量筒。

（4）温度计：分度值 0.5 ℃。

（5）其他：切土器、秒表、捣棒、橡皮管、支架等。

2. 变水头法

（1）变水头渗透仪。

（2）天平：称量 5 000 g，感量 1 g。

（3）量筒。

（4）温度计：分度值 0.5 ℃。

(5)其他：切土器、秒表、捣棒、橡皮管、钢丝锯、支架等。

11.6.3　实验步骤

1. 常水头法

(1)按仪器说明书组装好仪器，并检查各管路接头处是否漏水。

(2)切去土样。用环刀垂直或平行土样层面切去原状土样，或按给定密度制备击实土样。

(3)将容器套筒内壁涂上一薄层凡士林，然后将装有土样的环刀推入套筒，并压入止水圈。刮去挤出的凡士林。装好带有透水石和垫圈的上下盖，并且用螺丝拧紧，避免漏气、漏水。

(4)把装好土样的容器的进水口与供水装置连通。关止水夹，使供水瓶注满水，直至供水瓶的排气孔有水溢出时为止。

(5)测压管水位稳定后，记录测压管水位，计算各测压管间的水位差。

(6)开动秒表，同时用量筒接取经一定时间的渗透水量，并重复一次，接取渗透水量时，出水管不可没入水中。测记进水与出水处的水温，取平均值作为实验水温。

(7)降低出水管水位，以改变水力坡降，按步骤(5)、(6)重复进行测定。

根据需要对不同孔隙比的土样进行渗透系数的测定。

2. 变水头法

(1)安装土样。将有土样的环刀推入套管内并压入止水垫圈。装好带有透水石和垫圈的上下盖，并用螺丝拧紧，不得漏气漏水。

(2)供水。把装好土样的容器进水口与供水装置连通，关止水夹，向供水瓶注满水。

(3)排气。把容器侧立，排水管向上，并打开排气管管夹，并放平渗透容器。

(4)测试水头高度。向变水头管注水，使水升至预定高度，待水位稳定后，打开进水夹，使水通过土样，当容器上盖出水管有水溢出时开始测记，同时测记起始水头 h_1，经过时间 t 后，再记终止水头 h_2(每次测定的水头差应大于 10 cm)；如此连续测记 2 ~ 3 次后，再使水头管水位回升至需要高度，再连续记数次，前后需 6 次以上，实验终止。同时测记实验开始时与终止时出水口的水温。

11.6.4　实验结果与评定

按照式(11-9)和(11-10)计算常水头法土样的渗透系数 k_T 及 k_{20}，即

$$k_T = \frac{QL}{AHt} \tag{11-9}$$

$$k_{20} = k_T \frac{\eta_T}{\eta_{20}} \tag{11-10}$$

式中：k_T——水温为 T 时土样的渗透系数，m/d 或 cm/s；

Q——时间 t 内的渗透水量，cm^3；

L——两侧压孔中心间的土样高度，cm；

A——土样截面积，cm^2；

H——平均水头差，cm；

t——时间，s；

k_{20}——水温为 20 ℃时土样的渗透系数，m/d 或 cm/s；

η_T——水温为 T 时水的动力黏滞系数，Pa·s；

η_{20}——20 ℃时水的动力黏滞系数，Pa·s。

在测得的结果中取 3~4 个在允许差值范围以内的数值，求其平均值，作为土样在该孔隙比时的渗透系数。允许误差不大于 2×10^{-n} cm/s。

按照式(11-11)计算变水头法土样的渗透系数 k_T，即

$$k_T = 2.3\frac{aL}{At}\lg\frac{h_1}{h_2} \tag{11-11}$$

式中：a——变水头测压管截面积，cm^2；

    L——渗径，等于土样高度，cm；

    h_1——开始时水头，cm；

    h_2——终止时水头，cm；

其余符号意义同前。

在测得的结果中取 3~4 个允许误差范围以内的数值，求其平均值，作为土样在该孔隙比的平均渗透系数。允许误差不大于 2×10^{-n} cm/s。

按表 11-8 和 11-9 记录实验结果。

表 11-8 常水头法实验结果记录表

实验次数	渗透时间 t/s	测压管水位/cm			水位差/cm			渗透水量 Q	渗透系数 k_{20}	平均水温/℃	平均渗透系数 $\bar{k}_{20}$
		1管	2管	3管	h_1	h_2	$h_{均}$				
1											
2											
3											

表 11-9 变水头法实验结果记录表

开始时间 t_1	终止时间 t_2	实验时间 Δt	开始水头 h_1	终止水头 h_2	水温为 T 时的渗透系数 k_T	水温 T	校正系数 $\dfrac{\eta_T}{\eta_{20}}$	渗透系数 k_{20}	平均渗透系数 $\bar{k}_{20}$

11.6.5　注意事项与难点分析

(1)实验过程中要及时排除气泡,并保持常水头。

(2)水头差的变化控制要适度,以准确绘制 v-I 曲线。

(3)环刀取样时,应避免扰动土体结构,并禁用切土刀反复涂抹土样表面。

(4)环刀边要套橡皮胶圈或涂一层凡士林以防漏水,透水石需要用开水浸泡。

11.7　土的固结压缩实验

11.7.1　实验目的与适用范围

土的固结压缩是土体在荷重作用下产生变形的过程。地基土由于建筑物的建造,改变了地基中的应力状态,使地基产生变形,使得建筑物基础发生竖向变位,即基础沉降。

本实验的目的是测定土样在侧限与轴向排水条件下的变形和压力或孔隙比和压力的关系等,以便计算土的压缩系数 α 和压缩模量 E_s 等。

本实验适用于细粒土的压缩实验。当遇到特殊的地质条件或特殊要求时,可参照相应的国家标准或部门颁布的规程。

11.7.2　主要仪器设备或材料

(1)压缩仪:土样面积 30 cm^2 或 50 cm^2,高 2 cm。

(2)三联压缩仪。

(3)加压设备:应能垂直地在瞬间施加各级规定的荷重,且没有冲击力,压力精度应符合国家标准。常用的加压设备为杠杆式。

(4)测微表:量程 10 mm,最小分度为 0.01 mm。

(5)其他:秒表,刮土刀,铝盒,天平,凡士林,酒精和烘箱等。

(6)透水石:由氧化铝或不受土腐蚀的金属材料组成,其透水系数应大于土样的渗透系数。当用固定式容器时,顶部透水石直径小于环刀内径 0.2~0.5 mm;当用浮环式容器时,上、下部透水石直径相等。

11.7.3　实验步骤

(1)环刀切取土样:

①根据工程需要,切取原状土样或制备给定密度与含水率的扰动土样;

②用环刀切取原状土样或制备好的扰动土样;

③在本实验之前,应按土质实验规程测定土样的密度、含水率和土粒密度;

④在切取土样时,应在环刀内壁涂一层凡士林,然后使环刀刃口垂直向下加压,切取土样,削平上下两端。在刮平土样时,不得用刀反复涂抹上面。保持土样与环刀内壁密合,并保持完整,否则应重新取样。

(2)土样装入护环:在装土样的环刀外壁涂一层凡士林,刀口向下放入护环内。

(3)环刀及护环放入容器:将底板放入容器内,底板上放透水石,借助提环螺丝将土样、环刀及护环放入容器内，土样上面覆盖透水石。

(4)盖上加压上盖并放钢球：将压缩容器置于加压框架正中，盖上加压上盖并放好钢球，使各部密切接触，保持平衡。

(5)安装反力架和量表：将透水石和钢球安好后，安装反力架和量表。

(6)预加压力，千分表读数调零：为保持土样与仪器上下各部件之间接触良好，应先施加 1 kPa 的压力。安好千分表并将千分表读数调零。

(7)加荷重：去掉预压荷重，立即加第一级荷重，加荷时避免冲击或摇晃，在加上砝码的同时立即开动秒表。荷载等级规定为 50 kPa、100 kPa、300 kPa 和 400 kPa。有时可以根据土的软硬程度，取第一级荷载 25 kPa。

(8)拆除仪器，称其质量：实验结束后拆除仪器，并测定其终结含水率(如不需测定实验后的饱和度，则不必测定终结含水率)，并将仪器洗干净。

11.7.4 实验结果与评定

按照式(11-12)计算土样的初始孔隙比 e_0，即

$$e_0 = \frac{G_s \rho_w (1 + 0.01 w_0)}{\rho_0} - 1 \qquad (11-12)$$

式中：G_s——土粒比重；

ρ_w——水的密度，g/cm^3；

ρ_0——土样的初始密度，g/cm^3；

w_0——土样的初始含水率，g/cm^3。

按照式(11-13)计算各级压力固结稳定后的孔隙比，即

$$e_i = e_0 - (1 + e_0) \frac{\Delta h_i}{h_0} \qquad (11-13)$$

式中：e_i——某级压力下的孔隙比；

Δh_i——某级压力下土样高度变化，mm；

h_0——土样初始高度，mm。

按表 11-10 记录实验结果。

表 11-10 实验结果记录表

各级加荷载时间	各级荷重下测微表读数/mm			
	50 kPa	100 kPa	200 kPa	400 kPa

各级加荷载时间	各级荷重下测微表读数/mm			
	50 kPa	100 kPa	200 kPa	400 kPa
总变形量 Δh（百分表累计读数）/mm				
仪器变形量 λ（实验室提供）/mm	0.122	0.220	0.275	0.357
土样变形量 h_i（$=\Delta h-\lambda$）/mm				
土样相对沉降量 λ_z（$=h_i/h_0$）/mm				
各级荷载下孔隙比 e_i〔$=e_0-(1+e_0)\lambda_z$〕				

以孔隙比 e（包括 e_0）为纵坐标，压力 p 为横坐标，绘图连线，制成 $e-p$ 曲线图（见图 11-2）。

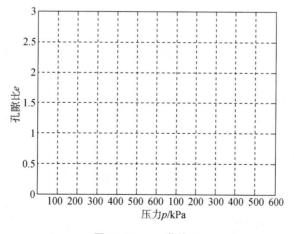

图 11-2　$e-p$ 曲线图

11.7.5 注意事项与难点分析

(1)如系饱和土样，则在施加第一级荷载后，立即向容器中注水至满。如非饱和土样，须以湿棉纱围住上下透水面四周，避免水分蒸发。

(2)如需确定原状土的先期固结压力时，荷载率宜小于1，可采用0.5或0.25倍，最后一级荷载应大于1 000 kPa，使 e-lg p 曲线下端出现直线段。

(3)如需测定沉降速率、固结系数等指标，一般施加每级压力后按以下时间顺序记录测微表读数：15 s、1 min、2 min、15 s、4 min、6 min、15 s、9 min、12 min、15 s、16 min、20 min、15 s、25 min、30 min、15 s、36 min、49 min、64 min、100 min、200 min、400 min、23 h、24 h，至稳定为止。

当不需测定沉降速度时，则施加每级压力后24 h，测记土样高度变化作为稳定标准，当土样渗透系数大于 10^{-5} cm/s 时，允许以主固结完成作为相对稳定标准。按此步骤逐级加压至实验结束。

(4)测定沉降速率仅适用于饱和土。

11.8 土的直剪实验

11.8.1 实验目的与适用范围

本实验方法用于确定黏性土的抗剪强度指标。土的抗剪强度是指土在外力作用下，其中一部分土体对另一部分土体滑动时所具有的抵抗剪切破坏的极限强度。直接剪切实验是测定土的抗剪强度的一种常用方法，可提供地基强度计算和稳定分析所需的土的抗剪强度、内摩擦角和黏聚力。内摩擦角和黏聚力与抗剪强度之间的关系可以用库仑公式表示，即

$$\tau = \sigma \tan \varphi + c \tag{11-14}$$

式中：τ——抗剪强度，即破坏剪应力，kPa；

σ——正应力，kPa；

φ——内摩擦角，度；

c——黏聚力，kPa。

直接剪切实验一般可分为慢剪(S)、固结快剪(CQ)和快剪(Q)3种实验方法。

(1)慢剪实验(S)：先使土样在某一级垂直压力作用下排水固结变形稳定后(黏性土约16 h以上)，再缓慢施加水平剪应力，在施加剪应力的过程中，使土样内始终不产生孔隙水压力，用几个土样在不同垂直压力下进行慢剪，将会得到有效应力抗剪强度参数 c_s 和 φ_s 值，但历时较长。

(2)固结快剪实验(CQ)：先使土样在某荷重下固结至排水变形稳定，再以较快速度施加剪力，直至剪坏，一般在 3～5 min 内完成。由于时间短促，剪刀所产生的超静水压力不会转化为粒间的有效应力，用几个土样在不同的作用下进行实验，便能求得 φ_{cq} 和 c_{cq}，这种 φ_{cq} 和 c_{cq} 称为总应力法抗剪强度参数。

(3)快剪实验(Q)：采用原状土样尽量接近现场情况，然后在较短时间内完成实验，一般在 35 min 内完成，这种方法使粒间有效应力维持原状，不受实验外力的影响，但由于这

种粒间有效应力的数值无法求得，所以实验结果只能求得 $\sigma\tan\varphi_q+c_q$ 的混合值。快剪实验适用于测定黏性土的天然强度，但 φ_q 将会偏大。

(4)本实验介绍应变控制式直剪仪法，其他剪切实验方法与仪器的使用可参阅相关规范。

11.8.2 主要仪器设备或材料

(1)应变控制式直剪仪，主要部件包括：剪切盒(水槽、上剪切盒、下剪切盒)，垂直加压框架，测力计及推动机构等。

(2)测力计(百分表)：量程 5 ~ 10 mm，分度值 0.01 mm。

(3)天平：称量 500 g，分度值 0.1 g。

(4)环刀：内径 6.18 cm，高 2 cm。

(5)其他：秒表、削土刀、钢丝锯、滤纸、凡士林等。

11.8.3 实验步骤

(1)土样制备。

①黏性土土样制备：从原状土中切取原状土样或制备给定干密度及含水率的扰动土样，制备方法同密度实验。

②砂类土土样制备：取过 2 mm 筛孔的代表性风干砂样 1 200 g 备用。按要求的干密度称每个土样所需风干砂量，精确至 0.1 g。

(2)移开加压框架，拔下插销，在剪切盒的上下盒接触面处涂少许凡士林，对准上下盒，插入固定销，在下剪力盒内放入一块洁净的透水石及一张滤纸。

(3)将盛有土样的环刀平口向下、刀口向上，对准剪切盒的上盒，在土样面上放一张滤纸及一块透水石，然后用双手平稳推压透水石，将土样用透水石徐徐压入盒底，移去空环刀，擦净上盒内部，加上传压活塞。

(4)检查测力计触角是否与量力环内壁接触，表脚是否灵活和水平，然后顺时针方向徐徐转动手轮，使上盒前端钢珠刚好与测力计接触，调整测力计读数为 0，顺次加上加压盖板、钢珠、加压框架，测记起始读数。

(5)在传压活塞上加钢珠及加压框架，并检查加压杠杆位置是否正确然后在砝码盘上加所规定的垂直压力。注意加荷时应避免撞击和摇晃，并防止砝码下落伤人，施加垂直压力后，应检查水平测力计是否被触动(注意有无起始读数)。

(6)每组实验应取 4 个土样，分别施加 4 种不同的垂直压力。其大小按实验方法和估计所受计算荷重的范围而定，一般可按 50 kPa、100 kPa、200 kPa、400 kPa 施加。加荷时应轻轻加上，但必须注意，如土质疏松，为防止被挤出应分级施加，切不可一次加上。

(7)施加垂直压力后，立即拔去固定销，开动秒表，以 0.8 ~ 1.2 mm/min 的速率剪切(每分钟 4 ~ 6 转的均匀速度转手轮)，使土样在 3 ~ 5 min 内剪损。如测力计的读数达到稳定或有显著后退，表示土样已剪损。但一般宜剪至剪切变形达到 4 mm。若测力计读数继续增加，则剪切变形应达到 6 mm 为止。手轮每转一转(下盒被推进 0.2 mm)，同时记录测力计读数并根据需要记录垂直位移计读数，直至剪损为止。

(8)土样剪损后，尽快移去垂直压力、加压框架钢珠、加压盖板等取出土样，测定剪切面附近土的含水率(学生实验可不要求此项测定)。

(9)改变垂直压力,重复以上步骤,测定不同垂直压力下的抗剪强度。

11.8.4 实验结果与评定

(1)按式(11-15)计算每一土样的抗剪强度,即

$$\tau = CR \qquad\qquad (11-15)$$

式中:τ——抗剪强度,kPa;

R——测力计读数,0.01 mm;

C——测力计率定系数,kPa/0.01 mm。

(2)以剪应力为纵坐标,剪切位移为横坐标,绘制应力与剪切位移关系曲线。

(3)选取剪应力 τ 与剪切位移 Δl 关系曲线上的峰值点或稳定值作为抗剪强度 S。如无明显峰点,则取剪切位移 Δl 等于 4 mm 对应的剪应力作为抗剪强度 S。

(4)以抗剪强度 S 为纵坐标,垂直压力 σ 为横坐标,绘制抗剪强度 S 与垂直压力 σ 的关系曲线。绘一视测的直线,直线的倾角为土的内摩擦角 φ,直线在纵坐标轴上的截距为土的黏聚力 c。

按表 11-11 记录实验结果。

表 11-11 实验结果记录表

手轮转数	50 kPa			100 kPa			200 kPa			400 kPa		
	R	Δl	τ	R	Δl	τ	R	Δl	τ	R	Δl	τ

11.8.5　注意事项与难点分析

（1）直接剪切实验分为慢剪、固结快剪和快剪 3 种实验方法。慢剪实验适用于测定黏性土的抗剪强度指标。固结快剪和快剪实验适用于渗透系数小于 10^{-6} cm/s 黏性土。

（2）黏性土的快剪和固结快剪实验的剪切速度为 0.8 mm/min。

（3）固结快剪实验步骤与快剪实验相同，仅加荷速度不同。

（4）砂类土的剪切实验所用仪器与黏性土的相同。

第 12 章

综合设计性实验

12.1 普通混凝土配合比设计实验

12.1.1 实验目的与适用范围

目的：掌握普通混凝土的配合比设计过程、拌和物的和易性和强度的实验方法，培养学生综合设计实验的能力。

要求：根据提供的工程情况和原材料，依据《普通混凝土配合比设计规程》(JGJ 55—2019)的规定设计出普通混凝土的最初配合比，然后进行试配和调整，确定符合工程要求的普通混凝土配合比。

12.1.2 主要仪器设备或材料

例如：某工程的钢筋混凝土梁，混凝土设计强度等级为 C30，施工要求坍落度为 35～50 mm，混凝土采用机械搅拌、机械振捣。根据施工单位的近期统计资料，混凝土强度标准差为 4.6 MPa。

原材料条件：水泥为 P.O 42.5，密度为 3.1 g/m³；砂为中砂；碎石，粒径为 5～31.5 mm；水为自来水。

12.1.3 实验步骤

(1)原材料性能实验。

①水泥性能实验：细度、凝结时间、安定性、胶砂强度实验。

②砂子性能实验：表观密度、堆积密度、筛分析、含泥量和泥块含量实验。

③碎石性能实验：表观密度、堆积密度、筛分析、压碎指标实验。

(2)计算配合比。依据 JGJ 55—2019 的规定，根据给定的工程情况和原材料条件，以及实验测得的原材料性能，进行配合比计算，求出每立方米混凝土中各种材料的用量。

(3)配合比的试配。

（4）配合比的调整和确定。

12.1.4　实验结果与评定

（1）根据已知的工程情况的原材料条件，如何设计出符合要求的普通混凝土配合比？

（2）配合比为什么要进行试配？配合比试配时，当有关指标达不到设计要求时，应如何进行调整？

（3）为什么检验混凝土的强度至少采用 3 个不同的配合比？制作混凝土强度试件时，为什么还要检验混凝土拌合物的和易性及表观密度？

12.1.5　注意事项与难点分析

本实验的注意事项与难点分析暂无，学生可自行总结。

12.2　掺外加剂或掺合料的混凝土配合比设计实验

12.2.1　实验目的与适用范围

目的：在普通混凝土配合比设计实验的基础上，熟悉掺外加剂或掺合料的混凝土配合比设计方法，培养学生综合设计实验的能力。

要求：根据提供的工程情况和原材料，依据 JGJ 55—2019 的规定设计出最初配合比，然后进行试配和调整，确定符合工程要求的掺外加剂或掺合料的混凝土配合比。

12.2.2　主要仪器设备或材料

例如：某工程的钢筋混凝土柱，其混凝土设计强度等级为 C35，施工要求坍落度为 120 ~ 140 mm。施工单位无历史统计资料。

原材料条件：水泥为 P. O 42.5，密度为 3. 1 g/m³；砂为中砂；碎石，粒径为 5 ~ 31. 5 mm；水为自来水；减水剂和掺合料质量均符合国家现行相关标准的规定。

12.2.3　实验步骤

（1）原材料性能实验。

①水泥性能实验：细度、凝结时间、安定性、胶砂强度实验。

②砂子性能实验：表观密度、堆积密度、筛分析、含泥量和泥块含量实验。

③碎石性能实验：表观密度、堆积密度、筛分析实验。

④减水剂性能实验：减水率、与水泥的适应性实验。

（2）计算配合比。

①依据 JGJ 55—2019 的规定，根据给定的工程情况和原材料条件，以及实验测得的原材料性能，进行配合比计算，求出每立方米混凝土中各种材料的用量。

②掺减水剂时，为改善混凝土拌合物的和易性，适当增大砂率，重新计算砂、石的用量。掺入掺合料时，可采用等量取代法、超量取代法（一般常用方法）或外加法，计算掺合料混凝土配合比。

(3)配合比的试配。

(4)配合比的调整和确定。

12.2.4 实验结果与评定

(1)根据已知条件，如何设计出符合要求的掺外加剂或掺合料的混凝土配合比？

(2)在混凝土中掺减水剂有哪几种使用效果？如何进行配合比设计？

(3)在混凝土中掺入掺合料有哪几种方法？如何进行配合比设计？

12.2.5 注意事项与难点分析

本实验的注意事项与难点分析暂无，学生可自行总结。

12.3 沥青混合料的配合比设计实验

12.3.1 实验的目的与适用范围

目的：熟悉沥青混合料配合比设计的过程和沥青与沥青混合料的基本性能实验方法，培养学生综合设计实验的能力。

要求：依据《沥青路面施工及验收规范》(GB 50092—1996)的规定，根据沥青混合料的技术要求，确定热拌沥青混合料的配合比。

12.3.2 主要仪器设备或材料

道路等级：高速公路。

路面类型：三层式沥青混凝土路面上面层。

气候条件：温和地区。

原材料条件：

(1)重交通道路石油沥青 AH-70；

(2)粗集料：碎石黏附性为 5 级，表观密度为 2 870 kg/m^3；

(3)细集料：石屑，表观密度为 2 810 kg/m^3；砂为中砂，表观密度为 2 640 kg/m^3；

(4)矿料：表观密度为 2 670 kg/m^3，含水率为 0.8%。

沥青、粗集料、细集料和矿粉的技术性能均符合国标 GB 50092—1996 中的沥青面层质量要求。

12.3.3 实验步骤

(1)沥青基本性能实验：针入度、延度、软化点实验。

(2)粗集料、细集料和矿粉的筛分析实验。

(3)矿质混合料级配组成的确定。

(4)沥青最佳用量的确定。

12.3.4 实验结果与评定

(1)简述热拌沥青混合料配合比设计的步骤。

（2）矿质混合料的配合比是如何计算的？

（3）如何确定沥青的最佳用量？

12.3.5　注意事项与难点分析

本实验的注意事项与难点分析暂无，学生可自行总结。

12.4　载荷实验

12.4.1　实验目的与适用范围

通过现场载荷实验或室内模型实验来研究地基承载力。通过实验可以得到载荷板在各级压力 p 的作用下，其相应的稳定沉降量，绘得 $p\text{-}s$ 曲线确定地基承载力。

现场载荷实验是在要测定的地基上放置一块模拟基础的载荷板。载荷板的尺寸较实际基础为小，一般约为 $0.25 \sim 1.0 \ \mathrm{m^2}$。然后在载荷板上逐级施加荷载，同时测定在各级荷载下载荷板的沉降量及周围土的位移情况，直到地基土破坏失稳为止。一般认为地基承载力可分为允许承载力和极限承载力。本章介绍两种地基载荷实验方法，即承压板载荷实验和单桩竖向静载实验。

12.4.2　主要仪器设备或材料

1. 承压板载荷实验

实验采用砂袋压重平台反力装置，千斤顶施压，主梁由 4 根 18 号工字钢组成，副梁由 5 根 18 号工字钢组成。采用 1 只 QYL50 型千斤顶加载，承压板顶面沉降变形分别采用对角的两个百分表（精度为 0.01 mm）测读。加载量由千斤顶上的精密压力表控制。

2. 单桩竖向静载实验

实验采用砂袋压重平台反力装置，千斤顶施压，主梁由 4 根 18 号工字钢组成，副梁由 5 根 18 号工字钢组成。采用 1 只 QYL50 型千斤顶加载，桩顶面沉降变形分别采用对角的两个百分表（精度为 0.01 mm）测读。加载量由千斤顶上的精密压力表控制。

12.4.3　实验步骤

1. 承压板载荷实验

对试点采用分级进行加载。实验标准参照《建筑地基处理技术规范》（JGJ 79—2012）进行。

（1）加载与卸载分级。

（2）沉降观测时间：每级加载前后测读一次，以后每隔 30 min 测读一次沉降。当 1 h 内沉降量小于 0.1 mm 时，施加下一级荷载。

（3）终止加载条件：当出现下列情况之一时，即可终止加载。

①沉降量急剧增大，土被挤出或承压板周围出现明显的隆起。

②承压板的累计沉降量已大于其宽度或直径的 6%。

③当达不到极限荷载，而最大加载压力已大于设计要求压力值的 2 倍。

（4）复合地基承载力特征值的确定。

①当压力-沉降曲线上极限荷载能确定，而其值不小于对应比例界限的 2 倍时，可取比例界限；当其值小于对应比例界限的 2 倍时，可取极限荷载的一半。

②当压力-沉降曲线是平缓的光滑曲线时，可按相对变形值确定：水泥土搅拌桩或旋喷桩复合地基，可取 s/b 或 s/d 等于 0.006 所对应的压力（s 为载荷实验承压板的沉降量；b 和 d 分别为承压板宽度和直径，当其大于 2 m 时，按 2 m 计算）。

2. 单桩竖向静载实验

单桩竖向静载实验的原理是用接近于竖向抗压桩的实际工作条件的实验方法，确定单桩竖向抗压极限承载力，作为设计依据或对工程桩的承载力进行抽样检验和评价，其具体实验步骤如下。

（1）加载与卸载分级：根据规范，按设计要求最大实验荷载分 8 级进行加载，卸载每级为加载分级的 2 倍。

（2）沉降观测：每级加载后间隔 5 min、30 min、60 min 各测读一次，以后每隔 30 min 测读一次。

（3）试桩沉降相对稳定标准：每小时的桩顶沉降量不超过 0.1 mm，并连续出现两次（从分级荷载施加后第 30 min 开始，按 1.5 h 连续三次每 30min 的沉降观测值计算）。

（4）当桩顶沉降速率达到相对稳定标准时，再施加下一级荷载。

（5）卸载时，每级荷载维持 1 h，按第 15 min、第 30 min、第 60 min 测读桩顶沉降量后，即可卸下一级荷载。卸载至零后，应测读桩顶残余沉降量，维持时间为 3h，测读时间为第 15 min、第 30 min，以后每隔 30 min 测读一次。

（6）终止加载条件：当出现下列情况之一时，即可终止加载。

①某级荷载下，桩顶的沉降增量达前一级荷载下沉降增量的 5 倍。

②某级荷载下，桩顶沉降量大于前一级荷载作用下沉降增量的 2 倍；且经 24 h 尚未达到相对稳定标准。

③已达设计和甲方要求最大实验荷载。

④当 $Q\text{-}s$ 曲线呈缓变型时，可加载至桩顶总沉降量 60~80 mm；在特殊情况下，可根据具体要求加载至桩顶累计沉降量超过 80 mm。

（7）根据承载力确定方法。

①根据沉降随荷载的变化特征确定极限承载力，对于陡降型 $Q\text{-}s$ 曲线取其发生明显陡降的起始点对应的荷载值。

②根据沉降随时间的变化特征确定极限承载力，取 $s\text{-}\lg t$ 曲线尾部出现明显向下弯曲的前一级荷载值。

③当某级荷载作用下，桩的沉降量大于前一级荷载作用下沉降量的 2 倍；且经 24 h 尚未达到稳定时，取前一级荷载值。

④对于缓变型 $Q\text{-}s$ 曲线可根据沉降量确定，宜取 $s=40$ mm 对应的荷载值；当桩长大于 40 m 时，宜考虑桩身弹性压缩量；对直径大于或等于 800 mm 的桩。可取 $s=0.05D$（D 为桩端直径）对应的荷载值。

12. 4. 4　实验结果与评定

本实验无实验结果与评定。

12. 4. 5　注意事项与难点分析

本实验的注意事项与难点分析暂无，学生可自行总结。

参 考 文 献

[1]中华人民共和国国家标准. 土工试验方法标准：GB/T 50123—2019[S]. 北京：中国计划出版社，2019.

[2]中华人民共和国行业标准. 公路土工试验规程：JTG E40—2007[S]. 北京：人民交通出版社，2007.

[3]湖南大学. 土木工程材料[M]. 2 版. 北京：中国建筑工业出版社，2011.

[4]柯国军. 土木工程材料[M]. 2 版. 北京：北京大学出版社，2012.

[5]陈志源，李启令. 土木工程材料[M]. 3 版. 武汉：武汉理工大学出版社，2012.

[6]廖国胜，曾三海. 土木工程材料[M]. 2 版. 北京：冶金工业出版社，2018.

[7]陈海彬，徐国强. 土木工程材料[M]. 北京：清华大学出版社，2014.

[8]罗相杰，刘伟. 土木工程材料实验[M]. 北京：北京理工大学出版社，2012.

[9]薛力梨. 土木工程材料实验教程[M]. 北京：中国电力出版社，2016.

[10]刘培文，任少英. 公路工程材料常规实验图解[M]. 北京：清华大学出版社，2012.

[11]杨平. 土力学[M]. 北京：机械工业出版社，2018.

[12]苏栋. 土力学[M]. 2 版. 北京：清华大学出版社，2019.

[13]刘熙媛，徐东强. 土力学[M]. 清华大学出版社，2017.

[14]高大钊，袁聚云. 土质学与土力学[M]. 3 版. 北京：人民交通出版社，2005.

[15]陈晓平，钱波. 土力学实验[M]. 北京：水利水电出版社，2011.

[16]唐洪祥，郭莹. 土力学实验教程[M]. 北京：中国建筑工业出版社，2017.

[17]刘起霞. 土力学实验[M]. 长沙：中南大学出版社，2009.